ArcGIS 软件操作与应用

王新生　王　红　朱超平　编著

国家自然科学基金项目(编号:41071240)
湖北省高等学校教学研究项目(编号:20060206)
"地理信息系统原理与应用"湖北省精品课程建设项目
资 助 出 版

科学出版社

北　京

内 容 简 介

本书是编者在总结多年的教学和科研工作的基础上编写而成的。围绕空间数据处理的基本流程,本书介绍了 ArcGIS 软件的主要功能和应用实例,内容包括 ArcGIS 系列产品简介、空间数据的管理、空间数据的输入与编辑、空间数据的转换与处理、空间数据的可视化表达、空间分析的基本技术和 GIS 软件应用等。书中每个章节配有练习题,便于读者练习。

本书强调科学性、实用性和易读性相结合,既可作为高等学校测绘、地理信息系统、遥感和地理学等相关学科的教材,也可供从事与 GIS 相关的专业人员参考。

图书在版编目(CIP)数据

ArcGIS 软件操作与应用/王新生,王红,朱超平编著. —北京:科学出版社,
2010.9

ISBN 978-7-03-028875-2

Ⅰ.A… Ⅱ.①王…②王…③朱… Ⅲ.地理信息系统—应用软件,ArcGIS
Ⅳ.P208

中国版本图书馆 CIP 数据核字(2010)第 173897 号

责任编辑:高 嵘/责任校对:王望容
责任印制:彭 超/封面设计:苏 波

科 学 出 版 社 出版

北京东黄城根北街 16 号
邮政编码:100717
http://www.sciencep.com

武汉市首壹印务有限公司印刷

科学出版社发行 各地新华书店经销

*

2010 年 9 月第 一 版 开本:787×1092 1/16
2010 年 9 月第一次印刷 印张:15 3/4
印数:1—2 000 字数:365 000

定价:35.00 元

(如有印装质量问题,我社负责调换)

前　言

地理信息系统是一门处理空间数据的学科,已被广泛应用于国土、环境保护、农业、林业和交通运输等各个部门,并深入到社会经济的各个方面。地理信息系统既是一门理论很强的学科,也是一门实践性很强的学科。在学习中,需要通过不断实践来加深对理论知识的理解,同时提高解决实际问题的能力,真正实现理论与实践的结合。

ArcGIS 是美国 ESRI(Environmental System Research Institute,环境系统研究所)公司在全面整合了 GIS 与数据库、软件工程、人工智能、网络技术及其他多方面的计算机主流技术之后推出的一个统一的地理信息平台。ArcGIS 作为一个可伸缩的平台,无论是在桌面、服务器、野外还是通过 Web 应用,为个人用户及群体用户提供了丰富的 GIS 功能。

ArcGIS 软件体系庞大、功能复杂,作者在多年的教学和科学研究工作中,深深体会到如何能够让初学者对 ArcGIS 软件快速入门十分重要,这也是撰写本书的目的。通过本书学习,使读者能够掌握桌面 ArcGIS 的常见重要功能,同时通过阐述 ArcGIS 在某些领域的实际应用,使读者能够初步掌握 ArcGIS 在解决特定问题时的处理方法。

本书内容围绕空间数据处理的基本流程展开,主要包括 ArcGIS 系列产品简介、空间数据的管理、空间数据的输入与编辑、空间数据的转换与处理、空间数据的可视化表达、空间分析的基本技术和 GIS 软件应用等七个章节。需要说明的是,由于 ArcGIS 软件体系庞杂,本书内容主要涉及 ArcGIS 9 Desktop 部分的操作与应用。

本书是作者在多年从事 GIS 教学和研究工作,并参阅了大量国内外书籍、期刊和文献的基础上编写完成的。全书由王新生进行整体组织编写。其中,第一章、第二章、第五章、第六章由王红编写,第三章、第四章由朱超平编写,第七章由王新生编写,王丽玲、苏凯、叶晓雷等参加了本书插图和表格的制作工作。

本书在撰写过程中得到了许多同志的关心和支持。本书的第七章内容是王新生在攻读博士学位和博士后工作期间的部分成果,这些成果凝聚了导师毋河海教授和刘纪远研究员的心血。湖北大学资源环境学院地理信息科学系的邓文胜、汪权方、杜晓初、何津、梅新和林丽群等同志也给予极大的支持。科学出版社的相关领导和编辑人员不辞辛苦的工作,才使本书及时保质出版。在此表示衷心的感谢!

由于作者水平有限,书中不妥之处难免存在,敬请广大读者批评指正。

编　者

2010 年 6 月

目　　录

第1章

ArcGIS系列产品简介

1.1 ArcGIS 软件体系

ArcGIS 是美国环境系统研究所（Environmental System Research Institute，ESRI）公司在全面整合了 GIS 与数据库、软件工程、人工智能、网络技术及其他多方面的计算机主流技术之后推出的一个统一的地理信息平台。

ArcGIS 作为一个可伸缩的平台，无论是在桌面、服务器、野外还是通过 Web 应用，为个人用户及群体用户提供了丰富的 GIS 功能，图 1.1 是 ArcGIS 产品的基本框架，它包含了四个主要的部署 GIS 的框架。

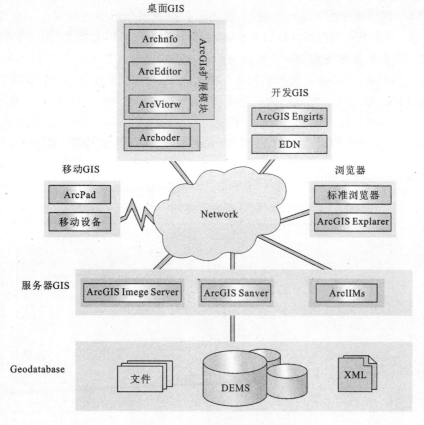

图 1.1 ArcGIS 产品的基本构架

① 桌面 GIS——专业 GIS 应用的软件包，包括 ArcView，ArcReader，ArcEditor，ArcInfo 和 ArcGIS 扩展模块。

② 服务器 GIS——包括 ArcIMS，ArcGIS Server 和 ArcGIS Image Server。

③ 移动 GIS——包括 ArcPad 以及移动设备（ArcGIS Mobile）。

④ 开发 GIS——为开发者提供的用于扩展 GIS 桌面、定制基于桌面和基于 Web 的应用、创建移动解决方案的组件。

1.2 桌面 GIS

桌面 GIS 是 GIS 专业人士的主要工作平台，利用它来管理复杂的 GIS 流程和应用工程，创建数据、地图、模型和应用。

1.2.1 ArcGIS 桌面应用程序

ArcGIS 桌面产品是一系列软件套件，它包含了一套带有用户界面的 Windows 桌面应用，即 ArcMap，ArcCatalog，ArcToolbox 和 ArcGlobe 等，每一个应用都具有丰富的 GIS 工具。

1. ArcMap

ArcMap 是 ArcGIS Desktop 中一个主要的应用程序，具有基于地图的所有功能，包括地图制图、地图分析和编辑。它也是 ArcGIS Desktop 中一个复杂的制作地图的应用程序。

ArcMap 提供两种类型的地图视图，即地理数据视图和地图布局视图。在地理数据视图中，用户可以对地理图层进行符号化显示、分析和编辑 GIS 数据集（图 1.2）。数据视图是任何一个数据集在选定的一个区域内的地理显示窗口。在地图布局视图中，用户可以处理地图的页面，包括地理数据视图和其他地图元素，如比例尺、图例、指北针和参照地图等。通常，ArcMap 可以将地图组成页面，以便打印和印刷（图 1.3），图 1.4 和图 1.5 分别为在 ArcMap 中生成的地图及建模分析的过程。

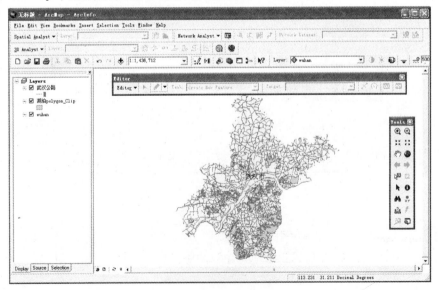

图 1.2　组织和编辑数据

图 1.3　设计和生成印刷地图

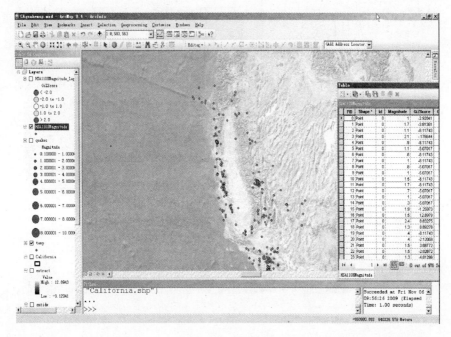

图 1.4　生成地图

2. ArcCatalog

　　ArcCatalog 应用模块用来组织和管理所有的 GIS 信息,如地图、数据集、模型、元数据、服务等。它包括以下工具:浏览和查找地理信息(图 1.6);记录、查看和管理元数据(图 1.7);定义、输入和输出 Geodatabase 结构和设计(图 1.8);在局域网和广域网上搜索和查找 GIS 数据(图 1.9);管理 ArcGIS Server(图 1.10);空间数据处理(图 1.11)。

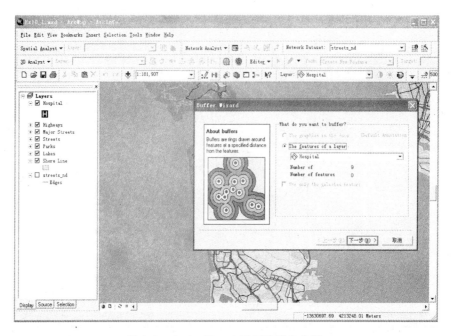

图 1.5　在 ArcMap 中进行建模和分析

图 1.6　在 ArcCatalog 中预览三维场景

　　GIS 使用者使用 ArcCatalog 来组织、发现和使用 GIS 数据,同时也使用标准化的元数据来说明他们的数据。GIS 数据库的管理员使用 ArcCatalog 来定义和建立 Geodatabase。GIS 服务器管理员则使用 ArcCatalog 来管理 GIS 服务器框架。

　　3. 空间处理

　　几乎所有的 GIS 操作都会包含重复性的工作,这就产生了自动化处理,建立多步骤

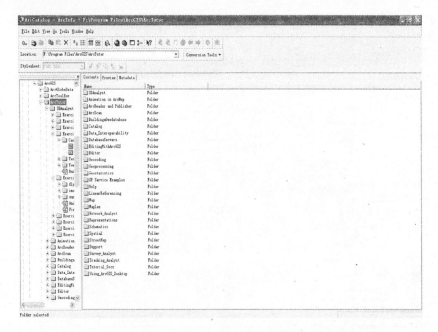

图 1.7　ArcCatalog 中的元数据

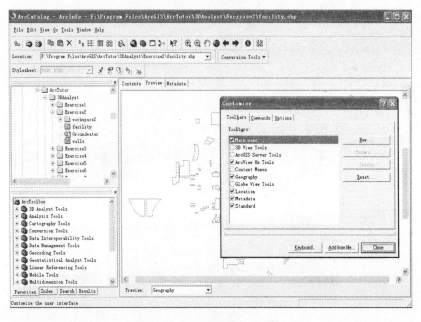

图 1.8　定义 Geodatabase 模式

流程和文档及共享的需求。空间处理通过一套丰富的工具,利用模型、脚本将工具有序集成起来的机制支持有关空间工作流程的自动化。ArcGIS 包含了几百个这样的空间处理工具,用户可以将这些工具组合起来,编成一个顺序执行的流程,这样就可以设计出各种模型来实现自动化工作,执行复杂分析来解决复杂问题。

　　ArcGIS 桌面提供了一个空间处理的框架,这个框架使用户可以方便地创建、使用和共享空间处理模型,主要包含两部分内容。

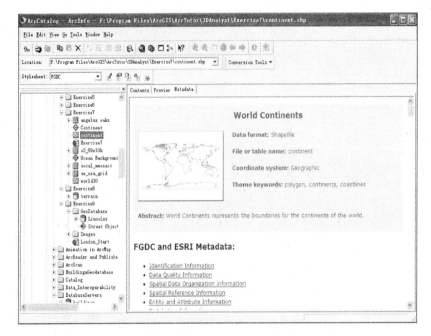

图 1.9 在 ArcIMS 元数据服务器中组织、编辑和管理

图 1.10 在 ArcCatalog 中预览由 ArcGIS Server 生成的地图服务

① ArcToolbox：一个分门别类的空间处理工具集合，从中可以调用所有的工具，主要包括数据管理、数据转换、Coverage 的处理、矢量分析、地理编码、统计分析。

② ModelBuilder：一个建立空间处理流程和脚本的可视化建模环境。

ArcToolbox 内嵌在 ArcCatalog 和 ArcMap（图 1.12）中，所有级别的桌面——ArcView，ArcEditor，ArcInfo 都包含空间处理，但每一个级别的空间处理能力又有所区别。其中，ArcView 支持简单数据加载和转换工具以及基础的分析工具；ArcEditor 增加了少量的

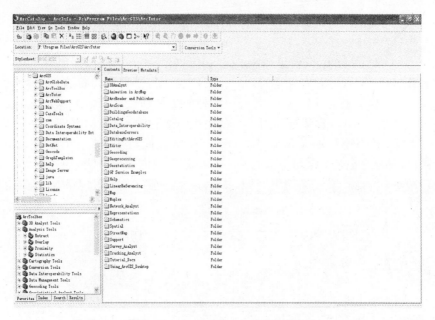

图 1.11　ArcCatalog 中的空间处理

Geodatabase 的创建、加载和模式管理的工具；ArcInfo 提供的是完整的工具，包括各种类型的分析、数据转换、数据加载和对 Coverage 数据的处理。ArcView 中的 ArcToolbox 包含的工具超过 80 种，ArcEditor 超过 90 种，ArcInfo 则提供了大约 250 种工具。

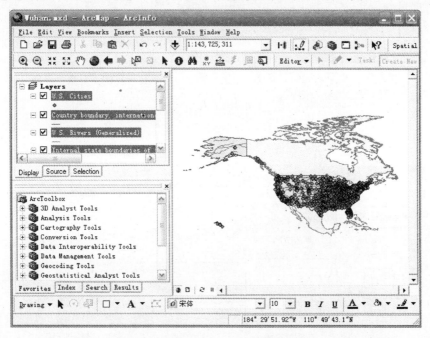

图 1.12　ArcToolBox 在 ArcGIS Desktop 应用程序 ArcMap 中使用

　　ArcView 和 ArcEditor 中都具有空间处理功能，但因为 ArcInfo 包含了实现重要 GIS 分析的广泛的空间处理工具，所以它是最强大的空间处理工具级别。需要建立 GIS 数据和完成分析的使用者将至少需要一个 ArcInfo 级别的许可。

其他的空间处理工具集合来自于 ArcGIS 扩展模块,例如 ArcGIS Spatial Analyst,它具有约 200 个栅格建模工具,还有 3D Analyst,包含 44 种 TIN 和地形分析的空间处理工具。ArcGIS 的 Geostatistical Analyst 提供克里格(kriging)和面插值的工具。

ModelBuilder 为设计和实现空间处理模型(包括工具、脚本和数据)提供了一个图形化的建模框架。模型是数据流图示,它将一系列的工具和数据串起来以创建高级的功能和流程。可以将工具和数据集拖动到一个模型中,然后按照有序的步骤把它们连接起来以实现复杂的 GIS 任务。ModelBuilder 利用一个交互机制使用户可以建立和执行复杂的 GIS 流程,另外它也是一个与他人共享 GIS 处理过程的理想方法。如图 1.13 所示。

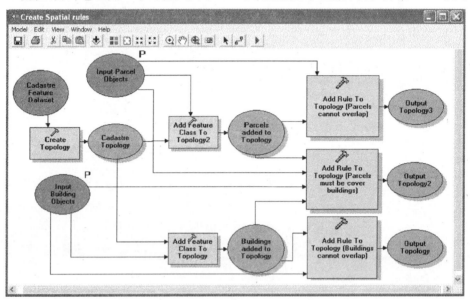

图 1.13　ModelBuilder 为创建和执行复杂的 GIS 过程提供一个交互机制

1.2.2　ArcGIS 桌面产品

ArcGIS 桌面系统为 GIS 专业人士提供了信息制作和使用的工具,它可以作为三个独立的软件产品购买,每个产品提供不同层次的功能水平,如图 1.14 所示。

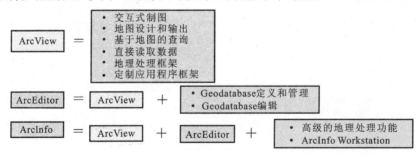

图 1.14　ArcGIS 桌面产品

① ArcView 提供了全面的制图、数据使用、分析以及简单的数据编辑和空间处理工具。

② ArcEditor 除包括 ArcView 中的所有功能之外,还包括了对 Shapefile 和 Geodatabase 的高级编辑功能。它还具有管理存储在 Microsoft SQL Server Express 中 ArcSDE

Geodatabase 的能力。

③ ArcInfo 是一个全功能的旗舰式 GIS 桌面产品，它扩充了 ArcView 和 ArcEditor 的高级空间处理功能，还包括传统的 ArcInfo Workstation 应用程序（Arc, ArcPlot, ArcEdit, AML 等）。

因为 ArcView, ArcEditor 和 ArcInfo 的结构都是统一的，所以地图、数据、符号、地图图层、自定义的工具和接口、报表和元数据等，都可以在这三个产品中共享和交换使用。使用者不必去学习和配置几个不同的结构框架。除此之外，使用 ArcGIS 桌面系统创建的地图、数据和元数据可以在多个用户之间共享，如使用免费的 ArcReader 产品、自定义的 ArcGIS Engine 应用程序、ArcIMS 和 ArcGIS Server 创建的高级 GIS Web 服务。

通过一系列可选的软件扩展模块，这三个级别产品的能力还可以进一步得到扩展，如 ArcGIS Spatial Analyst 和 ArcPress。

1. ArcView

ArcView 9 中包括 ArcMap, ArcCatalog, ArcToolbox 和 ModerBuilder，它是一个强有力的 GIS 工具包，提供了数据使用、制图、制作报表和基于地图的分析，其结构如图 1.15 所示。

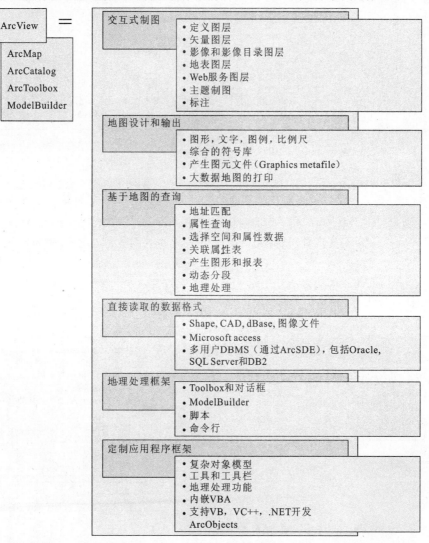

图 1.15　ArcView 核心功能

2. ArcEditor

ArcEditor 是 GIS 数据使用和编辑的平台，可以创建和维护 Geodatabase，Shapefiles 和其他地理信息。ArcEditor 除了具有 ArcView 中的所有功能之外，还可以创建 Geodatabase 行为，如拓扑、子类、域和几何网络等。ArcEditor 也包含元数据创建、地理数据搜索和分析、制图等工具，如图 1.16 所示。

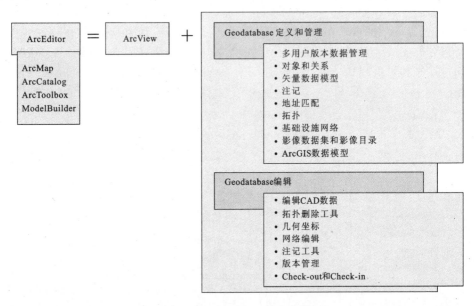

图 1.16　ArcEditor 核心功能

3. ArcInfo

ArcInfo 是 ArcGIS 桌面系统产品中的旗舰，它是 ArcGIS 桌面系统中功能最齐全的客户端，它提供了 ArcView 和 ArcEditor 中的所有功能。除此之外，它在 ArcToolbox 中提供了一个综合的工具集合，这些工具集支持高级的空间处理和多边形的处理。传统经典的工作站应用也由 ArcInfo 的 Workstation 中提供，如 Arc，ArcPlot 和 ArcEdit。由于增加了高级空间处理功能，ArcInfo 成为一个完整的 GIS 数据创建、更新、查询、制图和分析的系统，如图 1.17 所示。

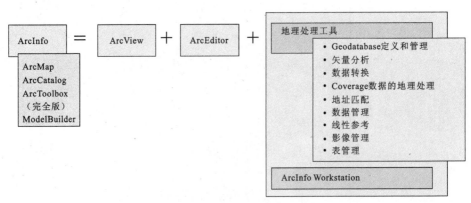

图 1.17　ArcInfo 核心功能

1.2.3 ArcGIS 桌面可选的扩展模块

ArcGIS Desktop 提供了很多可选的扩展模块,使得用户可以实现高级分析功能,如栅格数据地理处理、三维可视化、地理统计分析等处理工作,其主要内容如图 1.18 所示。

图 1.18 ArcGIS 桌面可选的扩展模块

1.3 服务器 GIS

服务器 GIS(图 1.19)的应用正在快速增长,一方面是由于其业务模式自身的优势,另一方面是因为服务器 GIS 可以更好地以集中的方式利用 GIS 专业人员创建和管理信息及资源。为了在企业内部共享空间信息和功能,原有的桌面 GIS 应用逐渐发展为基于服务器的 GIS 解决方案,它基于 Web Services 向外提供内容和功能。

GIS 专业人员不仅利用 GIS 服务器作为一个平台发布和共享二维、三维地图,空间处理模型和应用,同时也可以利用其他人发布的 GIS 服务。

服务器 GIS 具有下列优点:

① 通过在企业级范围内部署和使用 GIS,以获得最大的经济效益。

② 集中式的管理和共享 GIS 资源,可以被广泛地访问和使用。

③ 丰富灵活的客户端应用和工具可以支持多种类型的任务,如基于浏览器的 GIS 访

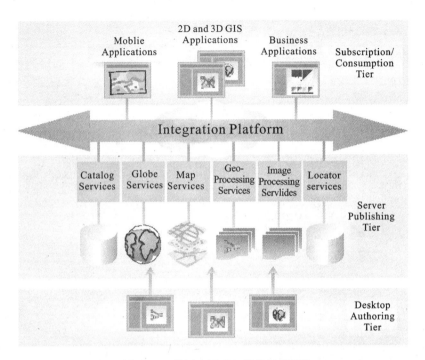

图 1.19　美国全国天气服务飓风网络

问、移动设备、编辑应用、ArcGIS Explorer 及 GIS 桌面应用。

　　④ 可以与其他基于 IT 标准构建的企业级系统,如客户关系管理(CRM)或企业资源规划(ERP)系统集成,GIS 服务器为基于空间的面向服务架构(SOA)提供了基础。

　　⑤ 通过工业标准的编程环境,如.net,Java,AJAX,XML/SOAP,J2EE,EJB 和 C++定制开发应用。

　　⑥ 具有一组公共的地图和 GIS 服务。

　　⑦ GIS 目录服务、数据共享、数据下载服务共同提供对共享信息的访问。

　　⑧ 同时支持 GIS 领域(如 OGC,ISO)和其他 IT 领域(如 W3C 和 ISO)的互操作标准。

ArcGIS 提供了以下三种服务器产品:

　　① ArcIMS:是一个可伸缩的、高性能的地图网络发布软件。ArcIMS 基于开放的 Internet 协议,动态的发布地图、数据和元数据目录,为 GIS 网络发布提供高度可扩展的框架,从而满足用户通过网络共享 GIS 信息的需求。

　　② ArcGIS Server:功能强大的基于服务器的 GIS 产品,用于构建集中管理的、支持多用户的、具备高级 GIS 功能的企业级 GIS 应用与服务,如空间数据管理、二维三维地图可视化、数据编辑、空间分析等即拿即用的应用和类型丰富的服务,支持桌面、定制的应用、移动设备以及基于浏览器的客户端的访问。

　　③ ArcGIS Image Server:基于网络的、提供动态的影像处理服务的服务器端软件,可以按照访问者需要完成少量影像数据的快速访问和可视化,在大量并发用户使用的情况下,无需对数据进行预处理,也无需将数据加载到数据库中,能够实现快速高效的海量影像数据显示,是 ESRI 影像解决方案中的一个组成部分,提供了一种新的方法用来存储、管理、处理和分发空间影像数据,并用于进一步构建基于 Web 服务的解决方案。

表 1.1　ArcGIS 服务器产品功能对比表

ArcGIS 服务器产品功能列表		ArcIMS	ArcGIS Server	ArcGIS Image Server
管理	基于浏览器的服务品管理工具	✓	✓	✓
	ArcCatalog 提供服务器管理工具		✓	
存储、管理、提供地理信息服务	元数据目录服务	✓		
	2D 地图服务	✓	✓	
	3D 全球可视化服务		✓	
	空间数据库管理服务		✓	
	影像服务			✓
	空间处理服务		✓	
	地理编码服务	✓	✓	
	移动地图服务		✓	
	数据互操作工具		✓	
	编辑服务		✓	
客户端应用	基于浏览器的 web 地图应用	✓	✓	
	基于浏览器的 web 编辑		✓	
	ArcGIS 桌面	✓	✓	✓
	ArcGIS Engine	✓	✓	✓
	ArcGIS Explorer		✓	
	ArcGIS 移动客户端		✓	
	开放客户端	✓	✓	✓
对互操作的支持	OGC 支持	✓	✓	✓
	ISO 支持	✓	✓	✓
	W3C 支持	✓	✓	✓
	企业级服务总线和 SOAP XML		✓	

1.4　开发 GIS

　　ESRI 公司为开发人员提供了可编程的 GIS 工具包,既可以开发出定制的桌面或服务器 GIS 应用,也可以在现有的应用系统里嵌入 GIS 功能。开发 GIS 包括 ArcGIS Engine 和 EDN(开发者网络)产品。ArcGIS Engine 是基于 ArcObjects 之上的,用于创建客户化 GIS 桌面应用程序的开发产品;EDN 是面向开发者的产品,它提供了一套 ArcGIS 开发工具包 (一年使用许可)及完整的电子文档和示例,同时提供专门的网站(http://edn.esri.com)供开发者获取相关资料。

1.4.1　ArcObjects 软件组件库

　　在 ArcGIS 9 系列产品中,ArcGIS Desktop,ArcGIS Engine 和 ArcGIS Server 都是

基于核心组件库 ArcObjects 搭建的。ArcObjects 组件库有 3000 多个对象可供开发人员调用,其中有细粒度的小对象,如 Geometry 对象;也有粗粒度的大对象,如 Map 对象。通过这些对象,开发人员可以操作控制文档、空间数据库进行交互。ArcObjects 组件库为开发人员集成了大量的 GIS 功能,可以快速地帮助开发人员进行 GIS 项目的开发。由于 ArcGIS Desktop,ArcGIS Engine 和 ArcGIS Server 三个产品都是基于 ArcObjects 搭建的应用,对于开发人员来说,ArcObjects 的开发经验在这三个产品中是通用的。开发人员可以通过 ArcObjects 来扩展 ArcGIS Desktop,定制 ArcGIS Engine 应用,使用 ArcGIS Server 实现企业级的 GIS 应用。ArcGIS 可以在多种编程环境中进行开发,其中包括 C++、支持.com 的编程语言、.net 和 Java 等。

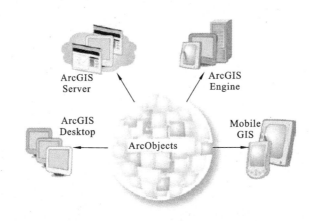

图 1.20　ArcObjects 部署在不同的框架下

1.4.2　ArcGIS Engine

ArcGIS Engine 是一个创建定制的 GIS 桌面应用程序的开发产品。ArcGIS Engine 包括构建 ArcGIS 产品 ArcView,ArcEditor,ArcInfo 和 ArcGIS Server 的所有核心组件。使用 ArcGIS Engine 可以创建独立界面版本(stand-alone)的应用程序,或者对现有的应用程序进行扩展,为 GIS 和非 GIS 用户提供专门的空间解决方案。

ArcGIS Engine 提供了.com、.net 和 C++的应用程序编程接口(API)。这些编程接口不仅包括了详细的文档,还包括一系列高层次的组件,使得临时的编程人员也能够轻易地创建 ArcGIS 应用程序。应用程序可以建立并且部署在 Microsoft Windows、Sun Solaris 和 Linux 等通用平台上,这些应用程序包括从简单的地图浏览到各种定制的 GIS 编辑程序。

1. ArcGIS Engine 的功能

开发人员可以使用 ArcGIS Engine 的开发包实现如下功能:分图层显示专题图,如道路、河流、行政边界等;浏览、缩放地图;查看地图上特征要素的信息;在地图上检索、查找特征要素;在地图上显示文本注记;在地图上叠加卫星影像或航摄影像;在地图上绘制点、线、面几何体;通过矩形、圆形或多边形选中地图上的要素;通过 SQL 语句查找要素;使用各种渲染方式绘制地图图层,如分级渲染、点密度渲染、依比例尺渲染等;动态绘制实时的数据,如实时的 GPS 坐标点;转换空间数据的坐标系。

ArcGIS Engine 的授权文件控制用户可以使用哪些功能。ArcGIS Engine 的功能是否可以使用需要根据用户自己的授权文件而定。

2. ArcGIS Engine 的组成部分

ArcGIS Engine 由一个软件开发工具包(SDK)和一个运行时(runtime)组成。ArcGIS Engine 从功能层次上可划分为五个问题(图 1.21):

① 基本服务(Base Services)。由 GIS 核心 ArcObjects 构成,几乎所有 GIS 应用程序都需要,如要素几何体和显示。

② 数据存取(Data Access)。可以对许多栅格和矢量格式进行存取,包括强大的地理数据库。

③ 地图表达(Map Presentation)。创建和显示带有符号和标注的地图。

④ 开发组件(Developer Components)。用于快速开发应用程序的界面控件。

⑤ 运行时选项(Runtime Options)。运行时可以与标准功能或其他高级功能一起部署。

图 1.21　ArcGIS Engine 的功能

ArcGIS Engine Developer Kit 是一个基于组件的开发产品,主要是面向开发人员提供开发环境的集成、开发帮助、类库对象模型图、代码示例等。

ArcGIS Engine 的另一个组件就是其运行时。ArcGIS Engine Developer Kit 建立的所有应用程序在运行时都需要相应级别的 ArcGIS Engine 运行时。ArcGIS Engine 运行时有多种版本级别,从标准版本一直到企业版本。标准 Engine 运行时提供所有 ArcGIS 应用程序的核心功能。这个级别的 ArcGIS Engine 运行时可以操作几种不同的栅格和矢量格式,进行地图表达和创建,通过执行各种空间或属性查询查找要素。这个级别的 ArcGIS Engine 运行时还可以进行基本数据创建,编辑 Shapefile 文件和简单的个人地理数据库及 GIS 分析。

1.4.3　EDN

EDN(ESRI developer network)是一个为 ArcGIS 开发和部署的开发人员提供帮助的社区。EDN 的目标是为 GIS 开发人员在 ArcGIS 平台上提供完整的系统,并通过开发产品使 ArcGIS 开发技术的获取变得容易,同时进一步鼓励和支持虚拟的 GIS 开发者社区。

使用 EDN 软件库进行开发有三种主要的组件(图 1.22):

首先,需要 ArcGIS Desktop(ArcView,ArcEditor 或 ArcInfo)。ArcGIS Desktop 用来进行地理信息元素,如数据集、地图、图层、地理处理模型、3D Globe 项目等的管理,并使用 EDN 嵌入到定制的应用中。Desktop 也提供了运行时环境来测试和演示 Desktop 应用和扩展。

其次,需要 EDN 的年度协议,可以获取所有的开发技术和 ArcGIS 资源。

最后,开发人员需要决定他们需要什么样的开发支持。一个选择是购买 EDN 的直接电话支持,或者 EDN 的网站也可以用来获取开发帮助和支持。EDN 也提供了基础入门培训和技术咨询。

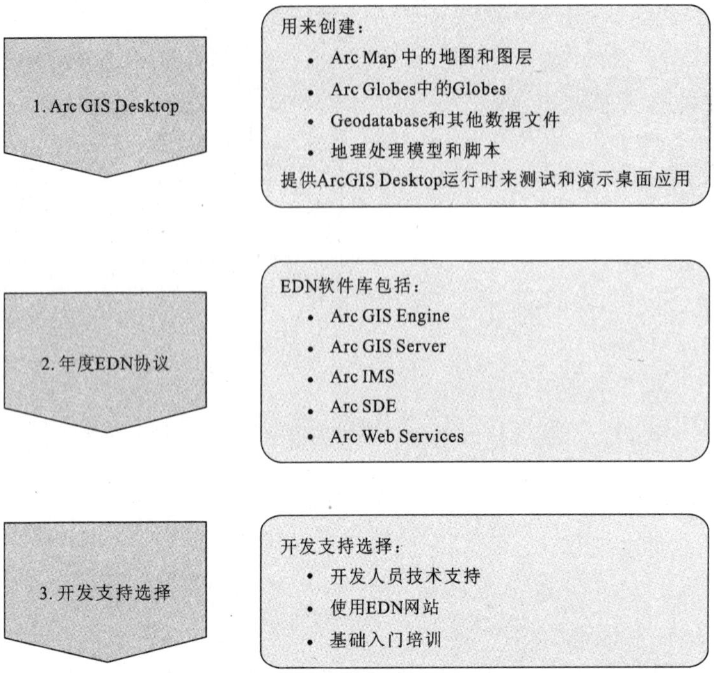

图 1.22　EDN 有效开发的三种组件

1. EDN 网站

EDN 提供了在线指南帮助站点(http://edn.esri.com)为开发人员提供支持。EDN 站点是 EDN 计划的主要内容之一,为开发人员提供了支持的社区。它提供了深度的开发信息,如代码实例、技术文章、网络广播及作者邮件通知等。EDN 的开发人员也可以通过论坛互相帮助,共享 EDN 社区其他人员的经验代码。

2. 使用 EDN 开发

EDN 包括了所有 ArcGIS 产品开发的能力,一旦获得了一个 ArcGIS Desktop 授权和一个 EDN 协议,开发人员就可以获得以下功能。

(1) ArcGIS Desktop

ArcGIS Desktop(ArcView,ArcEditor 和 ArcInfo)可以通过拖拽菜单工具或使用对象模型扩展来定制,定制范围包括从简单的命令到复杂的应用扩展。这与 ESRI 公司开发小组开发 ArcGIS Desktop 和它的扩展功能的方法是一样的。ArcGIS Desktop 包括了 VBA 和开发包两种方法来定制应用。ArcGIS Desktop 的开发包支持 VBA,Visual Basic 6,.net 及 Visual C++。

(2) ArcGIS Server

开发人员可以通过 ArcGIS Server 把高级的 GIS 功能发布到网络上去,提供给更多的用户使用。ArcGIS Server 也是基于同一套 ArcObjects 组件库建立起来的。ArcGIS Server 使用强大的一套开发工具可以在服务器环境中建立高级 GIS 服务和 Web 应用。ArcGIS Server 的开发功能包括:.net 和 J2EE 企业开发框架;使用 XML/SOAP 和 SOA 的即拿即用和可扩展的 GIS Web 服务;基于 AJAX 浏览器应用的网络地图制图应用,它可以通过模版式在.net或Java框架下定制,开发包括了一套 Web 应用模版和 Web 控件；ArcGIS Mobile 开发包，使用微软移动技术用来定制为移动电话，Pocket PCs 和平板电脑的移动应用；ArcSDE 和 SQL 开发技术用来访问数据库和扩展 Geodatabase；管理和发布地理处理工具，让客户端（如 ArcGIS Explorer）使用。

（3）ArcSDE 技术（也包含在 ArcGIS Server 中）

ArcSDE 为许多定制应用提供许多功能，如多用户 Geodatabase 的信息查询。ArcGIS Server 开发包除了提供的 ArcObjects 组件（为开发人员提供访问 Geodatabase 对象库）外，还包含了 ArcSDE 开发包。ArcSDE 开发包提供了 C 和 Java API，同时还支持对 ISO 和 OGC SQL 功能的空间类型对不同关系型数据库，如 Oracle，IBM DB2，Informix 和 SQL Server 等的支持。

（4）ArcIMS

ArcIMS 的开发人员主要通过 ArcXML 进行开发以及通过一系列的网络连接器技术定制网络应用。ArcIMS 连接器技术包括 ActiveX，.net，Java 和 ColdFusion。ArcXML 是与 ArcIMS 交互的信息协议。ArcXML 通过一系列的请求和响应与 ArcIMS 服务器交互，ArcIMS 服务器提供地图和数据服务，并通过特定的格式送到客户端。

ArcIMS 也包含了与 ArcGIS Server 同样的基于 AJAX 的网络地图应用，包括.net 和 Java 的开发组件和开发包，可以用来定制和扩展这些基于浏览器的应用（图 1.23）。

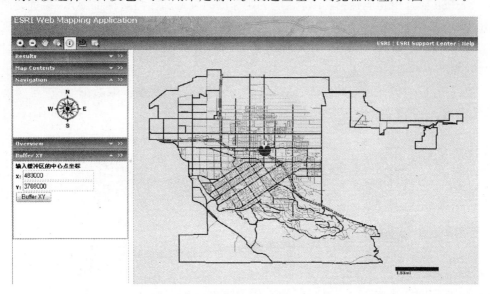

图 1.23 基于 ArcIMS 的地图浏览

ArcIMS 包括一个新的基于浏览器网络制图应用和开发包。这套基于 AJAX 的应用提供了强大的 GIS 网络服务。它和包含在 ArcGIS Server 技术中一样，可以支持 ArcIMS，ArcGIS Server 和 OGC WMS 服务。

1.5 移动 GIS

ArcGIS 技术可以部署在一系列的移动设备上，从轻量级的设备到 PDA、笔记本电脑以及平板电脑。在野外工作中使用 GIS 主要依靠将应用程序定制成简单的移动工作任务以及对中心 GIS Web 服务器(如提供 ArcIMS 和 ArcGIS Server 的地图和数据服务的站点)的无线访问。ArcGIS 提供了三种移动 GIS 解决方案:

① ArcGIS Desktop 和使用 ArcGIS Engine 建立的定制桌面应用:这种方案常常部署在用于野外的笔记本电脑或者平板电脑上,采用这种方案的用户需要和地理数据库打交道并且需要细致的地图。

② ArcPad:ArcPad 为使用 Windows CE 兼容设备的野外工作人员提供了一个以 GIS 为中心的解决方案。

③ ArcGIS Mobile:ArcGIS Server 9.2 包括一个软件开发包,称为 ArcGIS Mobile,可以被用在智能手机及 PocketPC 上。

1.5.1 ArcPad

ESRI 公司的 ArcPad 软件是用于移动 Windows 设备的移动制图和 GIS 技术。ArcPad 为野外用户通过手持和移动设备提供数据库访问、制图、GIS 和 GPS 的综合应用(图 1.24)。通过 ArcPad 可以实现快速便捷的数据采集,大大提高了野外数据的可用性和有效性。

ArcPad 的常用功能包括:支持满足工业标准的矢量和栅格影像的显示;通过无线技术作为 ArcIMS 的客户端访问数据;地图导航,包括平移和缩放、空间书签以及定位到当前 GPS 位置等功能;查询要素,显示超链接,定位要素;地图测量,包括距离、面积和方位;连接到 GPS,并通过 GPS 导航;简单的编辑,即通过鼠标、笔或者 GPS 输入,创建和编辑空间数据;移动的地理数据库编辑,即通过 ArcGIS 从数据库中提取数据,并进行转换和投影,使用 ArcPad 在野外进行编辑,并且把改变的数据提交给中心 GIS 数据库;GIS 野外工作自动化的应用开发。

图 1.24　ArcPad 支持的各种 Windows CE 和 Pocket PC 设备

ArcPad Application Builder 运行在 Windows 系统的计算机上。开发者在这个环境中创建定制的应用并且可以在他们的组织中将这些应用配置到大量的 ArcPad 设备上。

1.5.2 Tablet PC

许多用户要求带有内置 GPS 的高端野外计算机。这些野外计算机运行完整的 Windows 操作系统并且能远程完成许多高级的基于计算机的工作任务。在最近几年里,微软推出了一种新的操作系统——微软 Windows XP Tablet PC 版本,它带来多种创新的特点,如基于光笔的计算、数字墨水技术以及增强的移动功能。

运行于 Tablet PC 上的 ArcGIS Desktop 对于野外计算来说是一个功能强大的移动平台。Tablet PC 技术使用户能绘制红线,通过 GPS 获取精确的野外测量数据,同时可以在野外支持 ArcGIS 完整的功能和空间数据库。

1. Tablet PC 综述

Tablet PC 的一个关键功能是通过一个基于光笔的界面进行计算机交互,勾绘和捕捉注释,这些功能是以数字墨水技术为基础的。数字墨水是通过勾绘来创建的,并可以通过文本识别引擎转化成文本,添加到编辑任务的编辑草图中,或者是被作为一个图形存储在数据集中。

2. Tablet PC 平台的应用

① Tablet PC 作为一个笔记本电脑。Windows XP Tablet PC 版本是现在 Windows XP 操作系统的延伸版本。

② Tablet PC 基于光笔的技术。Tablet PC 允许用户运行 Windows XP 操作系统并且所有的基于 Windows 系统的应用都使用光笔替代鼠标。例如,在 ArcGIS 中,光笔可以用来拖拽工具栏中的按钮或在地图上画图。

③ Windows XP 语音识别。语音识别功能被嵌入 Tablet PC 的输入面板中,可以与 ArcGIS 一起来完成口述功能。

④ Tablet PC 的数字墨水技术。光笔用来在 Tablet PC 上勾绘,通过勾绘创造的数字墨水可以通过文本识别引擎转化成文本,添加到编辑任务的编辑草图中,或者作为图形进行存储。

3. 运行在 Tablet PC 的 ArcGIS Desktop 和 ArcGIS Engine

ArcGIS 包含一组用于 Tablet PC 的工具,用户可以体验到 Tablet PC 的创新特点,即基于光笔的计算、数字墨水技术以及强大的移动功能,包括 ArcGIS 的丰富的制图和数据编辑功能。

ArcGIS 9 主要的一个亮点就是支持在 Tablet PC 上运行 ArcGIS Desktop 以及丰富的制图和编辑工具。Tablet PC 上也可以运行 ArcGIS Engine。例如,ArcGIS Engine 的用户可以使用光笔的界面来查询和高亮显示要素,添加和改变属性值以及用定制的应用程序进行交互操作。

ArcGIS Desktop 应用程序 ArcMap 包含一个用于 Tablet PC、集成了数字墨水技术的工具条。运用这个工具条可以通过墨水工具来创建注释或勾绘草图并绑定到一个地理位置上(图 1.25)。这种墨水工具还可以用来在地图上高亮显示要素,能完成诸如画几何图形这样的 GIS 编辑工作。Tablet 工具还可以运用墨水技术来实现诸如图形和文本识别等功能。

4. Tablet PC 的客户化

移动 GIS 需要专门的应用设计和客户化方式为野外工作者构建一个产品化的、界面简捷的应用。自从应用 ArcGIS 以来,相同的客户化方式和 ArcObjects 编程工作也同样可以用来构建和部署 Tablet PC 应用。

图 1.25 在 Tablet PC 的 ArcMap 中创建的草图和注释

习 题 一

1. 试论述 ArcMap，ArcCatalog，ArcToolbox 三者在 ArcGIS 中进行数据处理的侧重点。

2. 在 ArcGIS 中如何调用 ArcGIS 桌面可选的扩展模块？

第2章

空间数据的管理

2.1 ArcGIS 软件的地理数据模型

地理数据模型是对真实世界的抽象,它是由一系列支持地图显示、查询、编辑和分析的数据对象组成的。ArcGIS 引入了面向对象的数据模型——Geodatabase 数据模型,它能够表达要素的自然行为以及这些行为的关联,这个全新的数据模型具有重要的意义。为了能够很好地理解 Geodatabase,下面就使用过的地理数据模型进行简单的回顾。

2.1.1 CAD 数据模型

最早的计算机制图系统使用阴极射线管的显示线绘制矢量地图,使用行式打印机上的加印技术绘制栅格地图。以此为起源,19 世纪 60 到 70 年代出现了精致的绘图硬件工具以及能够使用合理逼真制图技术将地图符号化的制图软件。这一时代地图通常用一般的 CAD(计算机辅助制图)软件来制作。CAD 数据模型以表示点、线、面的二进制文件格式存储地理数据,但是这些文件中不能存储足够多的属性信息。地图图层和注记标注是基本的属性描述。

2.1.2 Coverage 数据模型

1981 年,ESRI 公司推出了它的第一个商用 GIS 软件——ArcInfo,它实现了第二代地理数据模型——Coverage 数据模型,也被称为地理相关数据模型(georelational data model)。

在 ArcInfo 中,"Arc"是指用于定义地物空间位置和关系的拓扑数据结构,"Info"是指用于定义地物属性的表格数据(关系数据)结构,"ArcInfo"则是两种混含数据模型及其处理过程的关系。其中,空间数据使用拓扑数据模型来表示,而属性数据则使用关系数据模型来表示,其空间数据管理属于"文件与关系数据库混合关系模式"。

1. Coverage 及其组成

Arc/Info 是以 Coverage 作为矢量数字地图的基本存储单元。一个 Coverage 存储指定区域内地理要素的位置信息及其专题属性。每个 Coverage 一般只描述一种类型的地理要素(一个专题),如道路、河流、居民点或土壤单元等。Coverage 的主要特征如下。

① 弧段(arc)表示线实体、面实体边界或两者组合(如学校周围的围墙)。线实体可以由一条或多条弧段组成,每条弧段都有一个用户标识码,它的位置和形状是由一系列 x,y 坐标来定义的,描述弧段的属性数据存储在弧段属性表(AAT)中。

② 节点（node）表示弧段的起点、终点及线特征连接点。节点的位置是由坐标对表示。

③ 标识点（label point）表示点实体或标识面实体。标识点表示点实体时用一对 x,y 坐标描述其位置；标识点用来标识面实体时，可用多边形内部的任意位置的一对 x,y 坐标标识。标识点的属性数据存储在点属性表或面属性表（PAT）中。因为在 ArcInfo 软件中不能自动区别点实体和面实体的标识点，而且它们的属性表结构一致，所以两类覆盖层特征不能存储在同一个覆盖层中。

④ 多边形（polygon）表示面实体。一个多边形由一组构成它边界的弧段及位于多边形边界内的一个标识点来定义。标识点 ID 用来给多边形指定一个用户标识号，多边形的属性数据存储在多边形属性表（PAT）中。

⑤ 配准控制点（tics）表示覆盖层的定位或地理控制点。它们通过指定地图上的已知坐标来定位覆盖层。

⑥ 覆盖范围（bnd）表示覆盖层描述的地理信息范围，该范围是一个矩形，由覆盖层特征的最大最小坐标来定义该矩形。

⑦ 注记（annotation）用来标注覆盖层特征的文字说明。注记与其他任何特征没有拓扑关系，它仅用于显示说明信息。

⑧ 链（link）表示图形伸缩与调整以及联系。

⑨ 路径（route）以弧段为基础描述线实体。线实体可包含多条弧段或部分弧段。

⑩ 路段（section）表示路径或弧段中的一部分。

⑪ 区域（region）表示具有相同属性但不一定连续分布的地理范围。

Coverage 在计算机中作为一个目录而存在，目录名就是 Coverage。Coverage 中包含一组文件存储在计算机中，每个文件存储一种要素的有关信息，Coverage 文件主要包括以下要素。

TIC:配准点坐标及其标识码；　　　　PFF:多边形过滤文件；

BND:覆盖层描述的地理信息范围；　　PAT:多边形/点属性表；

ARC:弧坐标和拓扑关系；　　　　　　PRF:多边形/点相互对照文件；

ARF:弧段相互对照表；　　　　　　　CNT:多边形中心点表；

TOL:覆盖层处理容限；　　　　　　　LOG:覆盖层或工作区的历史文件；

AAT:弧属性表；　　　　　　　　　　MSK:编辑区配准模；

LAB:标识点坐标和拓扑关系；　　　　TXT:覆盖层注记特征。

PAL:多边形拓扑关系；

从文件管理的角度来看，一个 Coverage 就是包含存储上述要素的一组文件的一个目录，一组相关的 Coverage、Info 数据库和其他数据文件一起构成 ArcInfo 的工作空间。

2. ArcInfo 中的拓扑关系

ArcInfo 中的拓扑关系建立在弧段和标识点两类特征之上，并且按照特征编号的清单来存储。多边形由一组有序弧的清单定义，其邻接多边形由弧段文件中的左右多边形定义。多边形内部构成"小岛"的弧段编号在该多边形清单中用零间隔。弧段的连通性由弧段的起点和终点标识定义，每条弧都有一个起点和一个终点，这表示弧段的方向。在 ArcInfo 中拓扑结构是由 Build 和 Clean 两条命令自动生成和修改的，因此在建立拓扑结构前,要认真检查修改覆盖层数据,消除错误,同时使弧段标识码或多边形标识码唯一。

一个 Coverage 由一组文件组成,每一个文件都包含一个特殊要素类的信息,而要素属性表是 Info 数据文件。每一个要素在要素属性表中占据一行或一个记录,对于一组空间数据可以有不止一个要素属性表。

Coverage 格式主要将地理要素看成点要素、线要素和面要素三大类。要素属性表(FAT)分为点属性表(PAT)、弧段属性表(AAT)、结点属性表(NAT)和多边形属性表(PAT)。当为 Coverage 构建拓扑结构时,特征属性表由系统自动生成。此时特征属性表包括它的标准数据项,这些数据项由系统定义,其中存放了系统生成的拓扑特征和几何特征,用户不得随意更改(见表 2.1、表 2.2 和表 2.3)。

表 2.1　点特征属性表 PAT

RECNO	Area	Perimeter	Cover#	Cover-ID
记录号	面积	周长	内部 ID	用户 ID

表 2.2　弧段特征属性表 AAT

RECNO	FNode#	TNode#	LPoly#	RPloy#	Length	Cover#	Cover-ID
记录号	起始节点	终止节点	左多边形	右多边形	长度	内部 ID	用户 ID

表 2.3　多边形特征属性表 PAT

RECNO	Area	Perimeter	Cover#	Cover-ID
记录号	面积	周长	内部 ID	用户 ID

3. Coverage 模型的优缺点

Coverage 模型通过以下两个优势,确立了它在此后二十年空间数据模型标准的地位。

① 空间数据与属性数据相结合。空间数据存储在二进制索引文件中,使得显示和访问最优化。属性数据存储在 DBMS 表格中,用等于二进制文件中要素数目的行来存储。属性数据和空间数据通过公共的标识码相关联如图 2.1 所示。

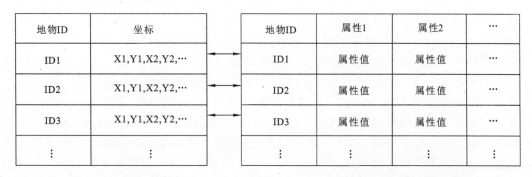

（a）通过文件管理空间数据　　　　　（b）通过关系数据库管理属性数据

图 2.1　空间数据库的内部结构图

② 矢量要素之间的拓扑关系得以保存。根据存储的拓扑关系可以得知多边形由哪些弧段组成,弧段由哪些点组成,两条弧段是否相连以及某一弧段的左或右侧多边形的信息等。

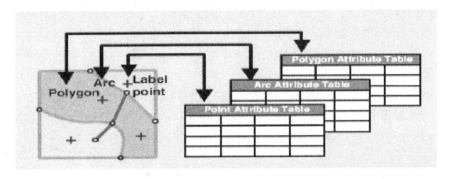

图 2.2　Coverage 数据格式中要素集中的点、弧段、多边形要素与属性表的一一对应

Coverage 数据模型的优势是用户可以自定义要素表格,不仅可以添加字段并且还可以建立与外部数据表格的关联。因为计算机硬件和数据库软件的性能局限,当时把空间数据直接存储在关系数据库是不可能的,所以 Coverage 数据模型将二进制文件中的空间数据与表格中的属性数据连接起来(图 2.2)。尽管将空间数据和属性数据分开存储,Coverage 数据模型依然在 GIS 领域占统治地位,其原因在于 Coverage 数据模型使追求高性能的 GIS 成为可能,拓扑关系的存储使得高级的地理分析操作和更精确的数据输入得以实现。

但是,Coverage 数据模型有一个重大缺陷——要素是以统一的行为聚集的点、线和面的集合,即现实世界中不同的领域对象被强行地抽象成了"点"、"线"、"面"等简单空间要素,无法区别对待同是"点"类型的"电杆"和"水井"。在 Coverage 数据模型中,可以将"电杆"和"水井"同样定义为"点",因而也可以有同样的操作——"移动"。现实世界中,"移动电杆"是个合理的动作,而"移动水井"则显得牵强。如果能将"电杆"和"水井"表达成两个不同的空间要素类,它们各自有不同的"行为",则不会出现"移动水井"这样不合理的操作。

Coverage 数据模型支持的这种特定的行为加强了数据集的拓扑整合。例如,在 Coverage 中如果穿过多边形添加一条新的弧线,多边形会被自动分成两块。但是只有上述的这些行为对于现实世界的模拟还是不够的,用户还需要支持真实世界对象的特殊行为。例如,溪流沿山坡线向下游并且当两条溪流汇聚时,其流量应是上游两条溪流流量的总和;另外,当两条道路交叉的时候,在它们的连接处就应该有一个交叉路口,除非有另外的一个天桥或地道。然而这些事情在 Coverage 中是很难完成的。

为了解决此类问题,ArcInfo 应用开发者使用 AML 语言编写宏代码,通过"二次开发",用程序来定义和处理不同"空间对象"的不同操作,把矛盾和困难"后推",交给不得不解决问题的应用开发阶段去完成。然而,随着应用变得越来越复杂,当需要一种更好的关联要素及其行为的数据模型时,在 Coverage 的基础上编写再好的代码也无法满足应用的需求,并且对于开发商来说,要将数据模型与最新的应用代码保持一致,是一个难度太大的问题。因此,对新一代地理数据模型出现的需求越来越迫切,在这个新模型中,要求具有能够将要素与行为紧密结合的体系框架。

2.1.3 Geodatabase 数据模型

ArcGIS 引入了一种新的面向对象的空间数据模型——Geodatabase 数据模型。它采用面向对象技术将现实世界抽象为由若干对象类组成的数据模型,每个对象类有其属性、行为和规则,对象类之间又有一定的联系。Geodatabase 按层次结构将地理数据组成数据对象,并存储在要素类、对象类和要素集中。

1. Geodatabase 的体系结构

Geodatabase 主要包括数据集、要素类、对象类、规则、关联类、属性域、子类型、几何网络、空间参考及拓扑关系等,如图 2.3 所示,下面就各部分功能分别加以介绍。

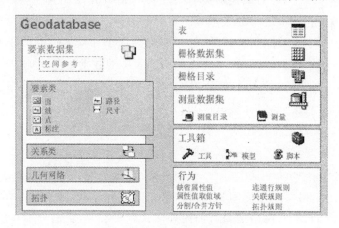

图 2.3 Geodatabase 的体系结构

（1）地理数据集（Geodataset）

Geodatabase 包括矢量、栅格和三角网三种常用的地理数据模型。在 Geodatabase 中,主要通过三种地理数据集来表示,即要素数据集、栅格数据集和 TIN 数据集。

要素数据集（feature dataset）指具有相同空间参考系（spatial reference）的要素类集合。空间参考是维护拓扑关系的关键。

栅格数据集（raster dataset）可以是简单数据集,也可以是具有特征光谱或类型值的多波段组合数据集,如遥感影像、GRID 数据等。

TIN 数据集（TIN dataset）用来表示数字地面模型,是一组在确定范围内,每个节点具备反映该表面类型的 Z 值的三角形的集合,如 TIN 这种描述地面特征的数字高程模型。

（2）空间参考系统（spatial reference）

当建立数据集或要素类时,需要指定其空间参考,主要包括它的坐标系统、空间域和精度。坐标系统可以是地理坐标、UTM 坐标、平面坐标;空间域描述 x,y 坐标范围、测量 M 范围、Z 值范围,空间域表述了最大的空间范围;精度描述每个测量单位的存储单位数。空间参考系统是 Geodatabase 设计的一个重要部分。

（3）要素类（feature class）

在 Geodatabase 中,要素类是具有相同属性集、相同行为和规则的空间对象的集合,如河流、道路、植被、用地、电缆等同一类要素的集合。要素之间可以独立存在,也可以具有某种关系。当不同的要素类之间存在关系时,将其组织到一个要素数据集中。

每条记录代表一个要素,存储了要素属性和几何形状(点、线或多边形)。要素类是同种类型要素的集合。

(4) 对象类(object class)

在 Geodatabase 中,对象类中存储的一组类型相同的对象用 Table 存储,它没有空间特征,其实例为可关联某种特定行为的表记录,如某块地的主人。在"地块"和"主人"之间可以定义某种关系。要素类和对象类的区别在于:要素类中存储了空间信息,而对象类中没有。

(5) 关系类(relationship class)

关系类是存储要素类之间或要素类与表之间的关系的表。例如,可以定义房子和业主之间的关系,房子和地块之间的关系等。当通过关系类建立了要素类之间的关系,在进行要素编辑时,如果一方被删除或移动,另一方也会作出相应的变化。例如,当与属性表建立关系类,进行图形数据删除操作,对应的属性表中的数据也随之删除。建立关系类是构建 Geodatabase 中一个很重要的部分,是实现面向对象的一个重要环节。

需要指出的是,对象、要素和关联类可以直接存储在 Geodatabase 中,而不是一定要存放在要素集中。关联类存储了对象类、要素类两两之间的关联信息。关联可以是对象类之间的,也可以是要素类之间的,或者要素类和对象类之间的。

(6) 几何网络(geometric network)

几何网络是一个由要素组成的包含拓扑关系的逻辑网络,这些要素存在网络之内,称之为网络要素。例如,水系网络中要有河流和交叉点要素等,它们分别对应线或点类型的要素类。在几何网络中可以定义网络中边的连接规则和权重。

(7) 域(domains)和有效性规则(rules)

定义属性的有效取值范围可以是连续的变化区间,也可以是离散的取值集合。规则就是对要素类的行为和取值加以约束的规则。例如,规定不同管径的水管连接必须通过一个合适的转接头,包括关系类、属性域、子类型、拓扑关系及自定义等规则,通过这些规则来确保 Geodatabase 中对象的有效性。

2. Geodatabase 的存储类型

Geodatabase 支持多种 DBMS 结构和多用户访问,且大小可伸缩。从基于 Microsoft Jet Engine 的小型单用户数据库到工作组、部门和企业级的多用户数据库,Geodatabase 都支持。目前有个人数据库、文件数据库和 ArcSDE 数据库三种 Geodatabase 结构,各种数据库的性能比较如表 2.4 所示。

表 2.4　Geodatabase 存储类型对比表

名称 内容	个人数据库	文件数据库	ArcSDE 数据库
存储格式	微软 Acess	包含若干二进制文件的文件夹	DBMS
存储容量	2 GB	1 TB　每个表	版本决定
平台	Windows	跨平台	版本决定
用户数	单读单写	单读多写	多读多写

（1）个人 Geodatabase

个人 Geodatabase 采用 Microsoft Jet Engine 数据文件结构，将 GIS 数据存储到小型数据库中。个人 Geodatabase 使用微软的 Access 数据库来存储属性表，数据库的最大存储量为 2 GB。个人 Geodatabase 仅支持单用户编辑，不支持版本管理、多用户编辑。在没有设施系统权限的情况下，用户可对个人 Geodatabase 中的数据进行自由编辑。

（2）文件 Geodatabase

文件 Geodatabase 以一个资料夹的方式储存文件，资料库无限制，每个表限制大小 1 TB（1024 GB）。文件 Geodatabase 可以跨平台支援，可以在 Windows、UNIX 或 Linux 上运行。从效能上来讲，文件 Geodatabase 比个人 Geodatabase 快 20%～10 倍，随着资料量的增加，效能差异越大。文件 Geodatabase 本身是一种新的压缩格式，其查询与显示方面均与未压缩格式相同，压缩比率可从 2:1～25:1。

（3）多用户 Geodatabase

多用户 Geodatabase 通过数据引擎 ArcSDE 支持多种数据库平台，包括 IBMDB2、Informix、Oracle 和 SQL Server 等，存储量大。多用户 Geodatabase 支持多用户并发访问、编辑，但对多用户 Geodatabase 的编辑必须是在建立版本后才可进行，在建立版本之前，多用户 Geodatabase 只支持对数据所访问。

版本管理数据的优点：

① 版本简化了编辑技巧。众多编辑者能够直接修改数据库而不必在编辑前提取数据或锁定要素和行。如果偶尔有相同的要素被修改，系统会自动弹出解决冲突对话框来引导用户确定要素的正确显示和属性。

② 一个版本的权限只能由版本和管理员修改，可用的权限设置有保密性、保护性或公用性三个不同的级别。保密性是指只有版本的管理员才能察看版本和修改可用的要素类；保护性是指任何用户都可以察看版本但只有版本的管理员能修改可用的要素类；公用性是指任何用户都可以察看版本和修改可用的要素类。

3. Geodatabase 的优点

使用 Geodatabase 数据模型可以在不需要编写任何代码的情况下，轻松实现大量的"自定义"行为，这些行为在以前的数据模型中，都需要编写代码才可以实现。这些行为可以通过域、验证规则和 Arc/Info 软件框架为 Geodatabase 提供的其他功能来实现。利用 Geodatabase 数据模型，只有在要素需求特别专业化的行为操作的时候才需要用到代码编写。

在 Geodatabase 数据模型中，所有数据都在同一数据库中存储并中心化管理，实现地理数据的统一存储管理。同时通过智能的属性验证确定减少很多的编辑错误，使数据输入和编辑更加准确。使用拓扑关系、空间表达和一般关联，不仅可以定义要素的特征，还可以定义要素与其他要素的关联情况。当与要素相关的要素被移动、改变或删除的时候，用户预先定义好的关联要素也会做出相应的变化，从而使要素具有丰富的关联环境。在 Geodatabase 中，可以使用直线、圆弧、椭圆弧和贝塞尔曲线来定义要素形状。利用 ArcMap 可以更好地控制要素的绘制，还可以添加一些智能的绘图行为，制作蕴含丰富信息的地图。

另外,在 Geodatabase 中可以实现无缝、无分块的海量要素的存储,Geodatabase 数据模型允许多用户编辑同一区域的要素,并可以协调出现的冲突。

4. Geodatabase 数据模型的实现

在设计地理数据库结构时,借助于 ArcGIS 的 ArcCatalog 工具,可以采用以下三种方法来创建一个新的 Geodatabase,选择何种方法将取决于建立 Geodatabase 的数据源及是否在 Geodatabase 中存放定制对象。

(1)从头开始建立一个新的 Geodatabase

有些情况下,可能没有任何可装载的数据,或者有的数据只能部分地满足数据库设计,这时可以使用 ArcCatalog 来建立新的 Geodatabase。

(2)移植已经存在数据到 Geodatabase

对于已经存在的多种格式的数据,如 Shapefile,Coverage,Info Table,dBASE Tables,ArcStrom,Map LIBARISN,ArcSDE 等,可以通过 ArcCatalog 来转换并输入到 Geodatabase 中,并进一步定义数据库,包括建立几何网络(geometric networks)、子类型(subtypes)、属性域(attribute domains)等。

(3)用 CASE 工具建立 Geodatabase

可以用 CASE 工具建立新的定制对象,或从 UML(unified modeling language,一种标准的图形化建模语言,它是面向对象分析与设计的一种标准表示)图中产生 Geodatabase 模式。

实际操作中,经常联合几种或全部方法来创建 Geodatabase。本章下面章节将结合 ArcCatalog 工具,重点介绍建立本地个人 Geodatabase 的一般过程和方法。

2.2 基于 ArcCatalog 的空间数据的管理

2.2.1 ArcCatalog 简介

作为空间数据管理的工具,ArcCatalog 可以帮助用户快速组织和管理所有 GIS 数据。它包含一组用于浏览和查找地理数据、记录和浏览元数据、快速显示数据集及为地理数据定义数据结构的工具;同时它也可以连接本地磁盘上的文件夹、网上的共享文件夹和数据库或地理信息系统(GIS)服务器。

单击"开始"→"程序"→"ArcGIS"→"ArcCatalog",启动 ArcCatalog,运行界面如图 2.4 所示。

通过左边的 ArcCatalog 目录树可以进行文件管理,如同 Windows 的资源管理器,它支持右键功能。当选中一个文件夹后,若标签选项卡为 Contents,客户区中会显示文件包含的数据项,并不一定显示所有文件,即使目标文件夹不为空。右键单击目录树下的 "USA",在弹出的快捷菜单中选择"Properties"就可以弹出 USA 的属性选项卡,如图 2.5 所示。

通过 ArcCatalog 可以快速浏览数据的属性。选择标签选项卡中的"Preview"选项,使用 Geography 视图或 Table 视图来浏览所选中数据项的数据;对于包含地理数据和表格属性的数据项,通过"Preview"选项卡底部的下拉列表,在 Geography 和 Table 视图之间切换,分别浏览地理数据和表格数据。图 2.6 为 USA 下 Counties 数据的 Geography

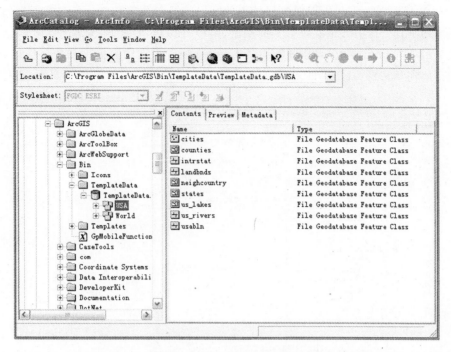

图 2.4　ArcCatalog 运行界面图

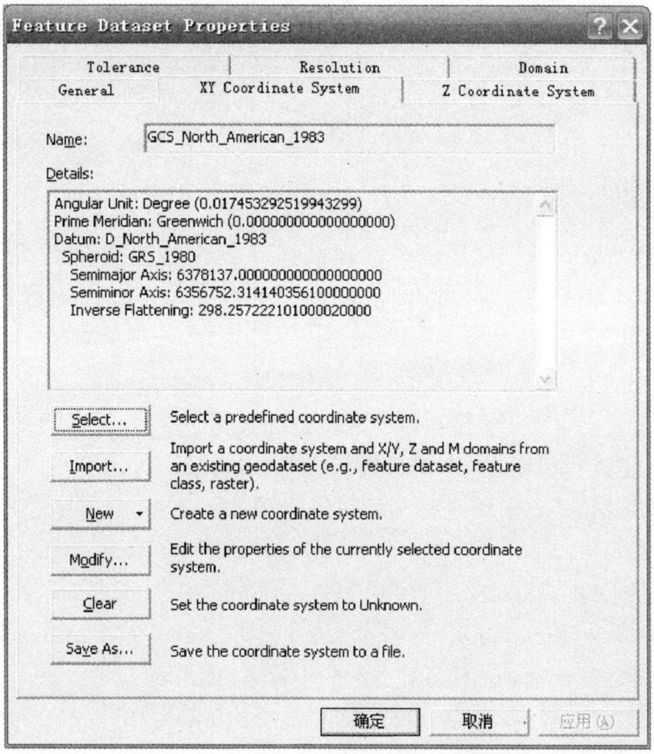

图 2.5　ArcCatalog 属性示意图

视图。在 Table 视图下,可以对要素属性表的结构进行查看或修改。在此模式下,借助于工具栏中的工具可以方便地实现数据的漫游、缩放等操作,对地理数据进行简单的了解。标签选项卡中的"Metadata"可以显示有关 Catalog 树中被选中数据项的描述性信息。元数据包括属性和文档,其中属性来自数据源,而文档是个人提供的信息。

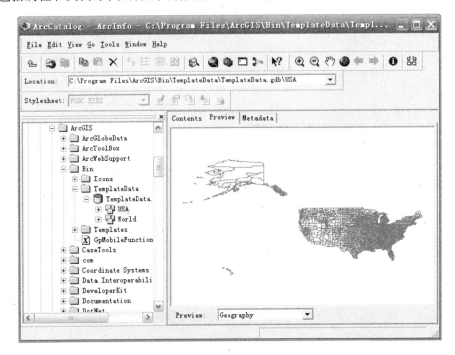

图 2.6 Preview 视图

2.2.2 Geodatabase 基本功能

创建地理数据库的第一步,是设计地理数据库包含的地理要素类、要素数据集、非空间对象表、几何网络类、关系类以及空间参考系统等,下面就此部分内容进行详细论述。

1. 空间要素参考(spatial reference)

当建立要素集或要素类时,首先必须指定空间参考。一个要素类的空间参考确定了它的坐标系统、空间域和精度,如中国目前所使用的坐标系为 1980 西安坐标系,1985 国家高程基准,创建"China"要素集选取坐标系统步骤如下:

① 启动 ArcCatalog。

② 在欲创建的目录下右键选择"New"→"Personal Geodatabase"。

③ 右键单击"New Personal Geodatabase",选择"New"→"Feature Dataset",弹出如图 2.7 所示的要素集对话框,在 Name 文本框中输入"China"。

④ 单击"下一步"按钮,在目录"Geographic Coordinate System"(地理坐标系)中选择"Asia-Xian 1980",确定坐标系,如图 2.8 所示。

⑤ 单击"下一步"按钮,在"Vertical Coordinate System"(高程坐标系)中选择"Asia-Yellow Sea 1985",确定高程基准,如图 2.9 所示。

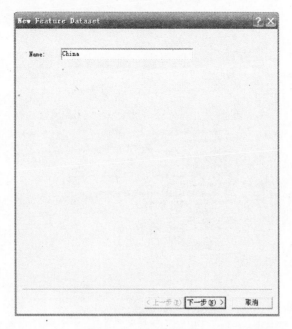

图 2.7 数据集的命名

图 2.8 坐标系的设置

⑥ 依次单击"下一步"按钮,"Finish"按钮,完成"China"的空间参考坐标系统的设定。

通过以上步骤即可完成数据集"China"的创建,创建完成后,单击右键,在弹出的快捷菜单中选择"属性",可查询此要素集的属性,依次选择选项卡"Tolerance"(容限值,要素聚类时能识别的最小空间范围,图 2.10)、"Resolution"(精度,描述每个测量单位的系统

图 2.9 高程系的设置

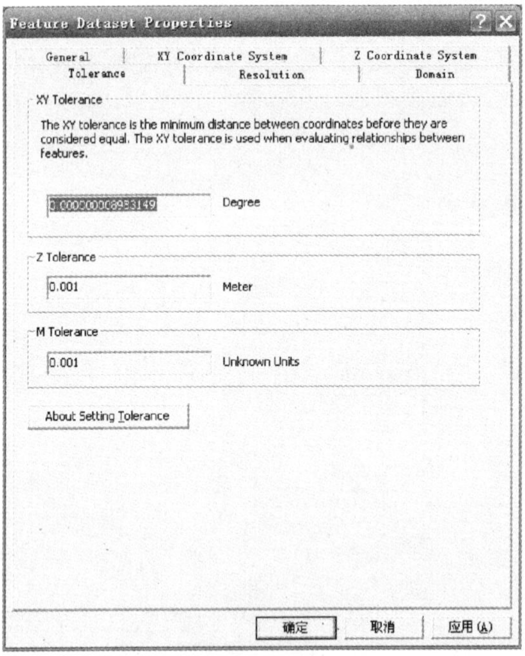

图 2.10 容限值属性

单位数,小数位数越多数据精度越高,图 2.11)、"Domain"(域,描述了 X,Y 坐标范围以及测量 M 和 Z 的最大空间变化范围,图 2.12),即可查看要素集中相关的设置。以上参数有的在设置后可以进行修改,有的则不能修改。例如,一旦选定空间参考,空间域是不能修改的。当 X,Y,Z 的空间域值发生改变时,只能重新选择空间参考装载数据,而容限值可以重新设定。

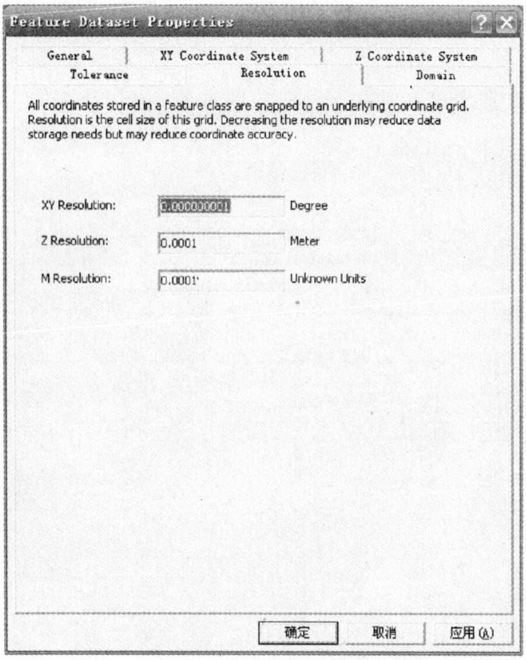

图 2.11　精度属性

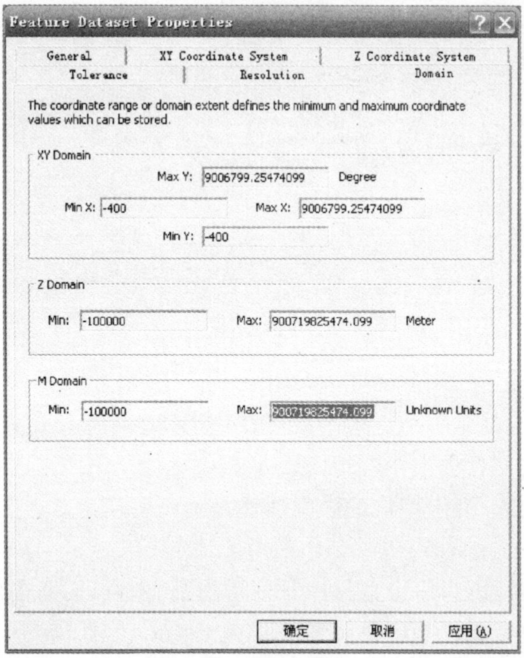

图 2.12　域属性

2. 空间格网索引(spatial grid index)

空间格网索引指用一个二维的格网覆盖要素类,按一定的间隔大小将要素类划分为大小相同的格网,并对其进行编号,然后根据空间目标的位置和形状,把空间目标的 ID 号记录在它落在的格网上。因此通过格网上记录的 ID 号可搜索所要的空间目标,格网由系统维护。格网划分的精度取决于空间目标的大小和数量。

3. 字段属性特征(field properties)

无论是空间要素类或非空间要素类,其数据表都有属性,每个属性都可以用一个字段来描述,而每个字段都有特殊的属性,所有字段具有默认值、域、别名以及是否允许为空等属性,如图 2.13 所示。

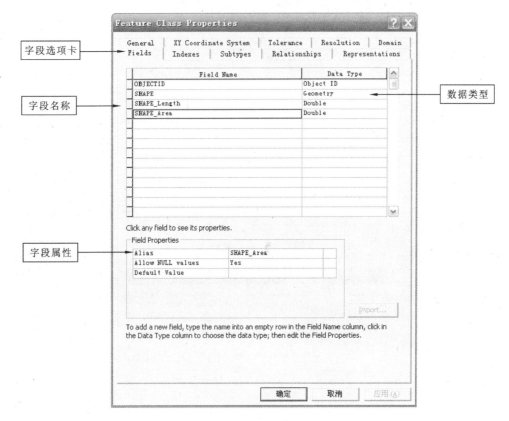

图 2.13　要素类的属性特征描述

4. 必须字段集合(required field set)

所有的表和要素类都有一个必须字段集合,这是记录表或要素类中特定对象状态所必须的,在一些简短的要素类中,字段“OBJECTID”和“SHAPE”是必须的,这些字段可以自动建立,但是不能删除,必须字段的必须属性是系统自动生成,用户不能进行修改。

5. 字段别名设置(aliases)

在定义表的字段时,因为每个数据库管理系统都有自己的命名规则,允许定义什么样的名称或字符,而且通常无法从字段名看出其真正含义,因此需要一个数据字典来解释表存储什么数据及每个字段的含义。Geodatabase 为表、字段和要素类提供别名,而且别名不受命名规则限制,别名作为字段属性被设置,任何时候都可以被修改。

6. 跟踪几何特性(tracking properties of geometry)

打开一个要素属性表,如多边形要素可以看到 shape_area 和 shape_length 两个字段,这两个字段会自动记录多边形的周长和面积,当多边形要素发生改变时则这些字段的值也会更新,方便用户基于几何特征的查询。

7. 模式锁定(schema locking)

在多用户数据库中需要多个用户同时读取和编辑相同的数据。为了数据能同时被多个应用处理,必须保证每个应用在使用这些数据时,将模式设置为锁定状态。例如,从Geodatabase 中读取数据到 ArcMap 中处理时,任何用户不能修改,只有在用户从ArcMap 中移除要素类,同时也没有其他用户使用时才能修改。

在 ArcMap 和 ArcCatalog 的应用环境中,当用户查询或编辑 Geodatabase 要素类或表时,将自动获取一个共享锁。在同一时刻单一要素类或表可以获得若干共享锁。当用ArcCatalog 对模式进行修改时(如添加字段、修改规则)应用程序将试图在被修改的数据上获得一个排他锁,这时其他用户就不能对模式进行修改,所以就会存在在编辑环境下无法对表添加字段,必须停止编辑才能添加字段等。

2.2.3 Geodatabase 的创建

建立地理数据库的第一步,是设计地理数据库将要包含的地理要素类、要素数据集、非空间对象表、几何网络类、关系类以及空间参考系统等。Geodatabase 设计完成之后,可以利用 ArcCatalog 建立数据库,首先建立空的 Geodatabase,然后建立其组成项,包括建立关系表、要素类、要素数据集等,最后向 Geodatabase 各项加载数据。

当在关系表和要素类中加入数据后,可以在适当的字段上建立索引,以便提高查询效率。建立了 Geodatabase 的关系表、要素类和要素数据集后,可以进一步建立更高级的项,如空间要素的几何网络、空间要素或非空间要素类之间的关系类等。

1. Geodatabase 的设计

Geodatabase 的设计是一个重要的过程,应该根据项目的需要进行规划和反复设计。在设计一个 Geodatabase 之前,必须考虑以下几个问题:数据库中存储什么数据,数据存储采用什么投影,是否需要建立数据的修改规则,如何组织对象类和子类,是否需要在不同类型对象间维护特殊的关系,数据库中是否包含网络,数据库是否存储定制对象。回答了上述问题后,就可以开始创建一个新的地理数据库。

2. Geodatabase 的建立

借助于 ArcCatalog,可以采用以下三种方法来创建一个新的 Geodatabase,选择何种方法将取决于建立 Geodatabase 的数据源,是否在 Geodatabase 中存放定制对象。实际操作中,经常联合几种或全部方法来创建 Geodatabase,详细内容见2.1.3中"Geodatabase"数据模型的实现一节内容,下节以个人数据库的创建为例,进行详细讲解。

3. 个人 Geodatabase 的创建

借助 ArcCatalog 可以建立两种 Geodatabase,即本地 Geodatabase(Personal Geodatabase或 File Geodatabase)和 ArcSDE Geodatabase。本地 Geodatabase 可以直接在 ArcCatalog环境中建立,而 ArcSDE Geodatabase 必须首先在网络服务器上安装数据库管理系统(DBMS)和 ArcSDE,建立从 ArcCatalog 到 ArcSDE Geodatabase 的连接即可。下面将以建立本地个人地理数据库中的 Personal Geodatabase(File Geodatabase 与之创建过程相同)为例进行讲解。

在 ArcCatalog 目录中选择一个文件夹,单击"File"菜单或右击选中的文件夹,选择"New"→"Personal Geodatabase",如图 2.14 所示,输入本地地理数据库的名称,即可完成个人数据库的创建。此时,该数据库是不包含任何内容的空的 Geodatabase。

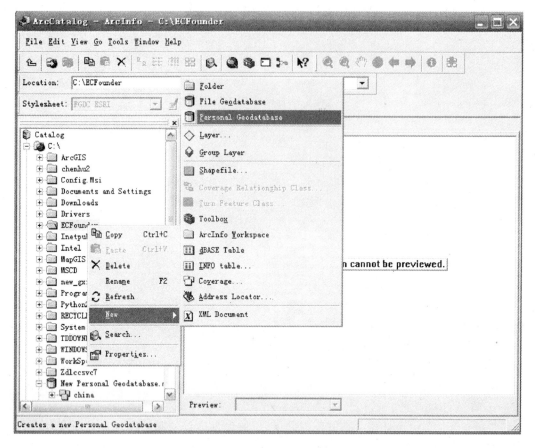

图 2.14　本地 Geodatabase 的创建

Geodatabase 包括对象类、要素类和要素数据集。在数据库中创建了这些项目后,可以创建更进一步的项目,如子类、几何网络类、注释类等。

（1）建立要素数据集

建立一个新的要素数据集,首先必须明确其空间参考,包括坐标系统和坐标值的范围域。数据集中的所有要素类用相同的坐标系统,所有要素类的所有要素坐标必须在空间域的范围内。

① 在 ArcCatalog 目录树中,在需要建立新要素数据集的 Geodatabase 上单击右键,选择"New"→"FeatureDataset"命令,打开"New Feature Dataset"对话框,给定要素集名称,并设定空间要素参考,详细过程参考 2.1.3 小节中"空间参考系统"的内容。

② 单击"下一步"按钮,为数据设置 Z 坐标选择坐标系统。

③ 单击"下一步"按钮,设定容限值。在"XY Tolerance"组输入数据集的 XY 容限值,在"Z Tolerance"组输入数据集的 Z 容限值,在"M Tolerance"组输入数据集的 M 容限值,如图 2.15 所示。此时系统设置为默认精度,取消"Accept default resolution and domain extent (recommended)"复选框,单击"下一步"按钮可进行精度设置以及空间域设置。

最大最小 X,Y,Z 值表示要素的平面坐标和高程坐标的范围域,M 值是一个线性参考值,代表一个有特殊意义的点,要素的坐标都是以 M 为基准标识的。

④ 单击"Finish"按钮,完成操作。

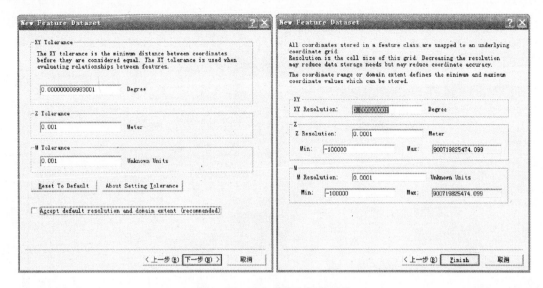

图 2.15　要素集的容限值设值

（2）建立要素类

要素类分为简单要素类和独立要素类。简单要素类存放在要素数据集中,使用要素数据集的坐标,不需要定义空间参考;独立要素类存放在数据库中的要素数据集之外,必须定义空间参考坐标。

1）简单要素类

① 在 ArcCatalog 目录树中,在需要建立要素类的要素数据集上单击右键,选择"New"→"Feature Class"命令,如图 2.16 所示。

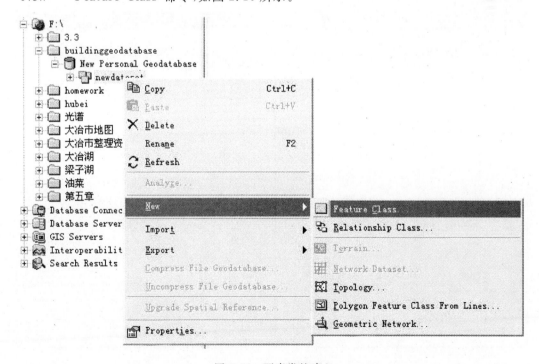

图 2.16　要素类的建立

② 在弹出的如图 2.17 所示的对话框中的"Name"文本框中输入要素类名称,在"Alias"文本框中输入要素类别名。在"Type"下拉列表框中选择新建立要素的类型。在"Geometry Properties"(几何性质)选项组设置是否保存 M 值和 Z 值。

图 2.17　要素类的命名

图 2.18　确定要素类 M 值值域

③ 单击"下一步"按钮,弹出确定 M 容限值对话框,如图 2.18 所示。在文本框中可以输入存储参数。单击"Reset To Default"按钮恢复默认参数设置;单击"About Setting Tolerance"按钮弹出关于设置 M 值的帮助对话框;选择"Accept default resolution and domain extent(recommended)"复选框接受默认设置。

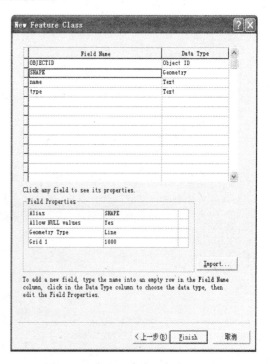

图 2.19　确定要素类字段名及其类型与属性　　　图 2.20　定义要素类几何字段属性

④ 单击"下一步"按钮,弹出确定要素类字段名及其类型与属性对话框,如图 2.19 所示。在简单要素类中,"OBJECTID"和"SHAPE"字段是必须字段。"OBJECTID"是要素的 ID 索引,"SHAPE"是要素的几何形状类别,如点、线、多边形等。

⑤ 单击"Field Name"列下面的第一个空白行,添加新字段,输入新字段名,并选取数据类型。在"Field Properties"栏中编辑字段的属性,包括新字段的别名、新字段中是否允许出现空置 Null、默认值、属性域及精度。

⑥ 单击"Field Name"列下的字段"SHAPE",在"Field Properties"栏中编辑几何图形字段"SHAPE"的属性特征,如图 2.20 所示。

⑦ 在"Field Properties"栏的"Alias"中输入几何图形字段别名,在"Allow NULL values"中选择"No"(几何字段中禁止出现空值 Null),在"Geometry Type"中选择该要素类中存储的要素类型,在"Grid 1"右边输入几何要素类的空间索引格网大小(Grid 1 必须大于 0)。

⑧ 单击"Finish"按钮,完成操作。

2) 独立要素类

独立要素类指在 Geodatabase 中不属于任何要素数据集的要素类。独立要素类的建立方法与在要素数据集中建立简单要素类相似。不同的是,必须重新定义自己的空间参考坐标系统和空间域。

(3) 建立关系表

① 在 ArcCatalog 目录树中,右键单击需要建立关系表的 Geodatabase,选择"New"→"Tabel"命令,如图 2.21 所示,建立关系表。

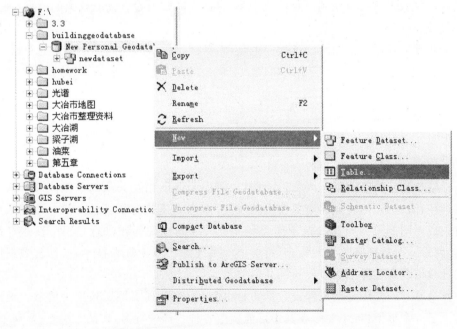

图 2.21　关系表的建立

② 弹出"New Tabe"对话框,如图 2.22 所示。在"Name"文本框中输入表名,在"Alias"文本框中输入表的别名。

图 2.22　关系表的命名　　　　　　　　　图 2.23　属性字段编辑

③ 单击"下一步"按钮打开属性字段编辑对话框,如图 2.23 所示。在该对话框中为新表添加属性字段。

④ 单击"Finish"按钮,完成操作。

设计良好的表可以应用到所有的要素类,可以提高数据库查询与检索的速率,因此表设计一般放在数据库设计开始。

以上步骤完成了一个简单的数据库的创建,若想创建一个功能更加强大的数据库,则涉及拓扑、关系类与几何网络等相关知识。

2.3　ArcGIS 中的拓扑关系

2.3.1　拓扑基础

拓扑最早被认为是一种空间数据结构,主要用于保证相互关联的数据能够形成一致而简洁的拓扑结构。随着面向对象技术的发展,人们对拓扑有了新的认识。地理数据库支持对集成不同要素类型和支持不同类型关键关系的地理问题进行建模。在这种语境中,拓扑就是一个规则和关系的集合,再加上一系列的编辑工具和技术,使地理数据库能更精确地模拟现实世界中可以发现的几何关系。

拓扑最基本的作用是用来保证数据质量,同时能够更真实地反映地理要素。地理数据库提供了一个框架,各个要素在其中可能发生各种各样的行为,如图表类型、默认值、属性域、有效性规则及其他要素或要素建立起的相互关系。这些行为可以更精确地对世界进行模拟,同时保持地理数据库中对象间的相对完整性。拓扑可以视为是针对这种行为框架的扩展,允许控制要素间的地理关系,同时保持它们各自的几何完整性。与其他要素行为不同的是,拓扑规则需要在不同层次的拓扑和数据集中进行管理,而不是在各自的要素类中进行管理。

在实际应用时,有时需要在要素之间保持某种特定的关系。例如,行政管理的范围不能相互重叠,线状道路之间不能有重叠线段,某些汽车站必须在公共交通线路上等,这些特定的空间关系可用拓扑学来描述与定义。借助 Geodatabase 可定义一系列拓扑规则,在要素之间建立空间关系还可以对这些规则(即关系)进行调整。

在 ArcGIS 中,拓扑由一系列的规则组成,这些规则在一个要素数据集中的一个或者多个要素类中的一系列要素之间建立了关系。如果要生成拓扑,必须指定拓扑中将包含哪些要素类,以及在要素发生交叉的情况所涉及的决定性规则。拓扑中的所有要素类必须在同一要素数据集中。因为生成拓扑关系涉及捕捉(snapping)要素顶点,确定它们之间是否一致,还必须在拓扑中指定一个簇容限(tolerance),有可能需要控制在聚类过程(clustering)中首先移动哪些要素,为此引出以下几个概念。

1. x,y 簇容限

簇容限是指当两个要素顶点被判定为不重合时它们之间的最小水平距离,同一簇容限内的顶点被定义为重合并且合并到一起。簇容限是一个很小的实际距离,它限制了正确放置的要素可以移动的最大距离。默认的簇容限是最小可能簇容限,其确定基于数据集自身的精度及其范围。在校验拓扑的过程中,同一(x,y)簇容限内的要素将会被捕捉并且合并,如图 2.24 分别为拓扑检查前后的数据;当节点之间距离小于簇容限时,节点将被合并。

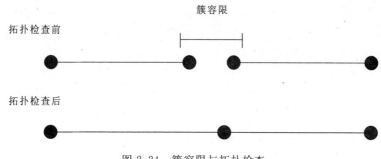

图 2.24　簇容限与拓扑检查

2. 拓扑等级

拓扑等级用来控制在验证过程中将较低准确度的数据整合到较高准确度的数据中,即根据参与拓扑的各要素类级别来设定等级高低。

3. 拓扑规则

拓扑规则用来定义拓扑的状态,即拓扑要素应遵循的规则。根据要素不同主要包括点规则、线规则和面规则。

在 ArcCatalog 中,可以查看和管理地理数据库中的拓扑,因为所有的拓扑必须在要素数据集中,在 ArcCatalog 目录树中出现在它们的要素数据集中,如图 2.25 所示。

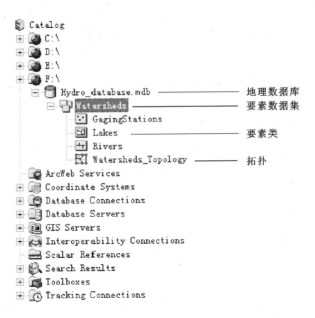

图 2.25 ArcCatalog 中的拓扑关系

2.3.2 定制拓扑规则

在拓扑中所定义的规则可以控制同一要素类中要素间的关系、不同要素类中要素间的关系以及要素子类之间的关系。拓扑规则主要包括多边形规则、线规则及点规则。

1. 多边形规则

规则一:不许重叠(must not overlap)。

这条规则要求要素类中的多边形内部不能重叠。多边形之间可以共享顶点和边。当一块区域不能同时属于两个或多个多边形时,可以采用这条规则。例如,宗地之间不能有重叠。

规则二:不许有间隔(must not have gaps)。

这条规则要求一个多边形内部和相邻多边形之间不能有空隙(同层之间的拓扑关系)。所有的多边形必须构成一个连续的表面。在数据必须完整地覆盖某一区域的时候,可以应用这条规则。例如,一个土地利用图斑层必须被图斑填满,中间不能有一丝缝隙。

规则三:不许与···重叠(must not overlap with)。

这个规则要求一个要素类中的多边形内部不能与另一个要素类中的多边形重叠。两个要素类中的要素可以共享边界顶点或者完全没有关系。当一个区域不能同时属于两个不同的要素类时,可以应用这个规则。例如,分区和水体类型在分区类型中的区域就不能同时是水体类的区域,它描述两个不同面层之间的关系。

规则四:必须被要素类覆盖(must be covered by feature class of)。

这个规则要求一个要素类中的多边形必须被另一个要素类中的多边形覆盖(两个不同面层之间的拓扑关系)。第一个要素类中的某个区域如果未能被其他要素类中的多边形覆盖就是错误的。当某一类型的一块区域必须完整地被其他类型的区域覆盖时,可以应用这个规则。

规则五:必须相互覆盖(must cover each other)。

这个规则要求一个要素类中的多边形必须与另一个要素类中的多边形分享其所有覆盖的区域,多边形可以共享边或顶点(层与层之间的拓扑关系)。任何一个要素类中的任意区域如果没有被另一要素类中的多边形所覆盖都是错误的。这个规则可以应用在非等级相关的多边形要素类中,如土壤类型和坡度类别。

规则六:必须被…覆盖(must be covered by)。

这个规则要求一个要素类中的每个多边形必须被另一个要素类中多边形所包含,多边形可以共享边界和顶点。任何一个被包含的要素类中定义的区域必须被另一个大要素类所覆盖。例如,建筑物多边形必须在宗地多边形内,不能出现跨越(层与层之间的拓扑关系)。

规则七:边界必须被…覆盖(boundary must be covered by)。

这个规则要求多边形要素的边界必须被另一个要素类中的线所覆盖(面与线之间的关系)。当面状要素需要用线状要素标示其边界的时候,可以应用这个规则。这通常是当区域内部有一套属性,而其边界有另外的属性值。

规则八:区域边界必须被…边界覆盖(area boundary must be covered by boundary of)。

这个规则要求一个要素类中的多边形要素的边界必须被另一个要素类中的多边形要素的边界所覆盖。当一个要素类中的多边形要素由另一个要素类中的多个多边形组成并且共享边界必须重叠时,可以应用这个规则。例如,县、市边界上必须有乡、镇界,而且前者的边界必须被后者所重合。违反规则的地方将产生线错误,修正的方法是手工编辑边界。

规则九:包含点(contain points)。

这个规则要求一个要素类中的多边形要素包含另一个要素类中至少一个点要素。点必须在多边形内,而不是在边界上,当每个多边形必须包含至少一个相关点的时候,如每个地块必须有一个地址点,这个规则就很有用。

2. 线规则

规则一:不许重叠(must not overlap)。

这条规则要求同一层要素类中(同一层之间的关系)的线之间不能重叠。这条规则应用于线状要素不能重复的情况,如在一个河流要素类中,线状要素可以相交或者交叉,但不能共享某一段。

规则二:不许交叉(must not intersect)。

这条规则要求同一层要素类中的线之间不能交叉,线状要素之间可以共享端点。这条规则应用于等高线,它们应该永远都不会与其他的等高线相交,或者用于只能在端点处相交的线状要素的情况,如道路的段和交叉点。

规则三:不许存在悬挂(must not have dangles)。

这条规则要求要素类中的线状要素必须在端点处与同一要素类中的其他线状要素相连,没有与其他线状要素相连的端点称为悬挂点。当线状要素必须形成闭合环的时候,可以应用这条规则。

规则四:不许存在伪节点(must not have pseudonodes)。

这条规则要求要素类中的线状要素必须在每个端点处至少与两个其他线状要素相连。只与一个其他线状要素相连,或者只与自身相连的线状要素都被称为有伪节点的线状要素。

规则五:不许在内部交叉或者相连(must not intersect or touch interior)。

这个规则要求一个要素类中的线状要素必须只能在端点上与同一要素类中的线状要素相连。任何重叠的、在非端点位置上交叉的线段都是错误的。当线状要素必须只能在端点处发生连接的时候,可以使用这个规则。

规则六:不许与…重叠(must not overlap with)。

这个规则要求一个要素类中的线状要素不能与另一个要素类中的线状要素发生重叠。当线状要素不能共享同一空间位置时,可以利用这个规则来实现。例如,公路不能与铁路重叠。

规则七:必须被其他要素类要素覆盖(must be covered by feature class of)。

这个规则要求一个要素类中的线状要素必须被另一个要素类中的线状要素覆盖。例如,公交线路和街道,一个公交线路要素类不应该偏离街道要素类中定义的街道。

规则八:必须被边界覆盖(must be covered by boundary of)。

这个规则要求线状要素被面状要素的边界所覆盖。

规则九:端点必须被覆盖(endpoint must be covered by)。

这个规则要求线状要素的端点必须被另一个要素类中的点状要素所覆盖。

规则十:不能自我重叠(must not self overlap)。

这个规则要求线状要素不能自身进行重叠。它们可以与自身进行交叉或者连接,但不能有重叠的段。对于街道这种每一段可能连接并构成环形但不会在同一路径上重复两次的要素可以使用这种规则。

规则十一:不能自我相交(must not self intersect)。

这个规则要求线状要素不能自身相交,对于等高线这种不能够自身相交的要素可以使用这种规则。

规则十二:必须作为一个部分(must be single part)。

这个规则要求线状要素只能由一个部分构成,当线状要素(高速公路)不能由多个部分构成时,可以利用这个规则。

3. 点规则

规则一:必须被边界覆盖(must be covered by boundary of)。

这个规则要求点要素必须落在面状要素的边界上。例如,在地籍建库中,界址点必须在宗地的边界上,要是不在边界上就认为拓扑错误。

规则二:必须在多边形内部(must be properly inside polygons)。

这个规则要求点要素必须落在面状要素的内部。当点要素与多边形相关的时候可以利用这个规则,如地址点和地块。

规则三:必须被端点所覆盖(must be covered by endpoint of)。

这个规则要求一个要素类中的点必须被另一个要素类中的端点所覆盖。这个规则与线规则中的 must be covered by 类似,只是此处的要素类为点而不是线。

规则四:必须被线所覆盖(must be covered by line)。

这个规则要求一个要素类中的点必须被另一个要素类中的线状要素所覆盖。这里并不限制覆盖该点的是线的哪一部分,可以是端点。例如,高速公路指示牌是沿着高速公路分布的。

2.3.3 创建新的拓扑关系

创建新的拓扑关系的步骤如下:

① 右键单击包含拓扑的要素数据集"李家村",选择"New"→"Topology",为 data 数据库的"李家村"数据集中的要素类增加拓扑关系,如图 2.26 所示。

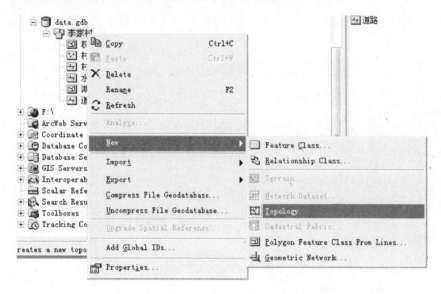

图 2.26　拓扑关系的创建

② 在出现的如图 2.27 所示的"New Topology"向导对话框中,阅读相关信息。

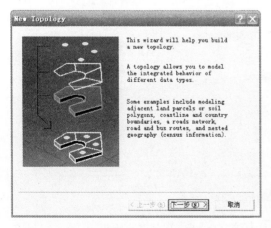

图 2.27　拓扑关系向导图　　　　　图 2.28　拓扑关系的命名及容限值设定

③ 单击"下一步"按钮,为拓扑输入一个名称,并指定相应的簇容限值,如图 2.28 所示。

④ 单击"下一步"按钮,选择参与构建拓扑的要素类,如图 2.29 所示。

图 2.29　拓扑关系向导图

图 2.30　拓扑分级数

⑤ 单击"下一步"按钮,输入要素类拓扑需要的分级数。如果要素几何图形内嵌有 Z 值,单击 Z 值属性按钮设置 Z 簇容限和分级。在"Rank"列中为每个要素指定分级,如图 2.30所示。

⑥ 单击"下一步"按钮,选择需要参与某一拓扑规则的要素类,并选择一个拓扑规则, 如图 2.31 所示。如果这个规则将该要素类与另一个要素类相关联,就选择第二个要 素类。

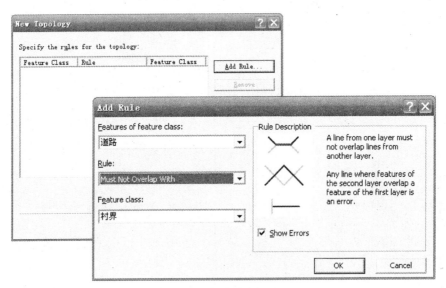

图 2.31　增加拓扑规则

⑦ 单击"下一步"按钮,弹出如图 2.32 所示的对话框,单击"Finish"按钮。完成之 后,向导开始创建新的拓扑并出现一个进度条,可以通过单击"Cancel"按钮取消这个过

程。一旦拓扑创建过程结束,会弹出一个对话框,询问是否需要校验拓扑,如图 2.33
所示。

⑧ 拓扑被校验,并出现在要素数据集中,如图 2.34 所示。

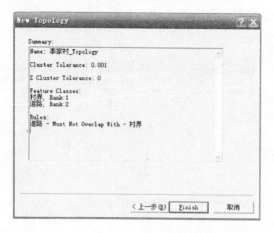

图 2.32　增加的拓扑规则的详细信息

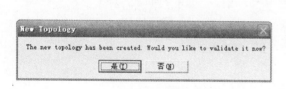

图 2.33　拓扑校验

图 2.34　列表数中显示的
新增加的拓扑规则

2.3.4　拓扑关系的查找

在 ArcGIS 中有关 Topolopy 操作,一个是在 ArcCatalog 中,一个是在 ArcMap 中。
通常用户将在 ArcCatalog 中建立拓扑称为建立拓扑规则,而在 ArcMap 中建立拓扑称为
拓扑处理。ArcCatalog 中所提供的创建拓扑规则,主要是用于进行拓扑错误的检查,其
中部分规则可以在容限值内自动对数据进行一些修改调整。拓扑关系的查找则主要在
ArcMap 中进行。

ArcMap 中的 Topolopy 工具条主要功能有对线拓扑(删除重复线、相交线断点
等,Topolopy 中的 planarize lines),根据线拓扑生成面(Topolopy 中的 construct
features),拓扑编辑(如共享边编辑等),拓扑错误显示(用于显示在 ArcCatalog 中创
建的拓扑规则错误,Topolopy 中的 error inspector),拓扑错误重新验证(也即刷新错
误记录)。

在 ArcMap 下打开由拓扑规则产生的文件,利用 Topology 工具条中错误记录信息进
行修改。一般红色部分代表拓扑有错误,可以对有错误的拓扑关系进行修改,如图 2.35
所示。

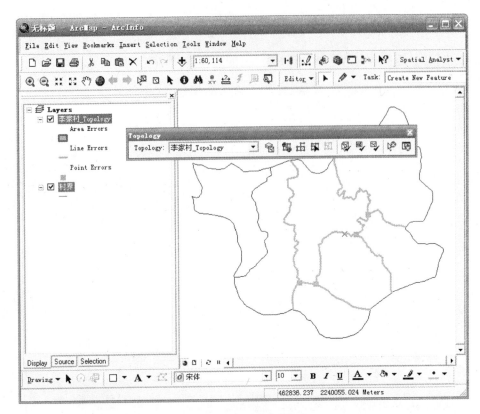

图 2.35　拓扑关系的查找

习　题　二

1. 利用 ArcCatalog 创建一个包含点、线、面的个人数据库。

2. 利用 ArcCatalog 新建一个文件数据库,并将给定的数据导入创建的数据库中。

3. 利用题目 2 中所创建的数据库,创建新的拓扑规则,并对拓扑关系不正确的位置进行拓扑编辑处理。

第3章

空间数据的输入与编辑

3.1 创建和打开地图

在 ArcMap 中可以通过两种途径创建新地图：(1) 进入 ArcMap 工作环境时，根据提示交互式地创建新地图；(2) 在 ArcMap 工作环境中，可以直接应用 ArcMap 视窗主菜单或标准工具条中的文件操作功能创建新地图。无论采用哪种途径，均可用已有的地图模版创建新地图。下面分别介绍两种创建新地图的方法。

3.1.1 进入 ArcMap 时创建新地图

进入 ArcMap 时创建新地图的方法如下：

① 运行 ArcMap，打开 ArcMap 启动对话框(图 3.1)，选择"A templete"方式，单击"OK"按钮，可打开 Map Templete 对话框(图 3.2)。

图 3.1 ArcMap 启动对话框

② 在 Map Templete 对话框中，选定当前创建的文件类型为"Document"，并根据需要选择合适的地图版式，可在 Preview 窗口预览地图版面布局，最后单击"OK"按钮，创建

新地图,并进入 ArcMap 视窗(图 3.3)。

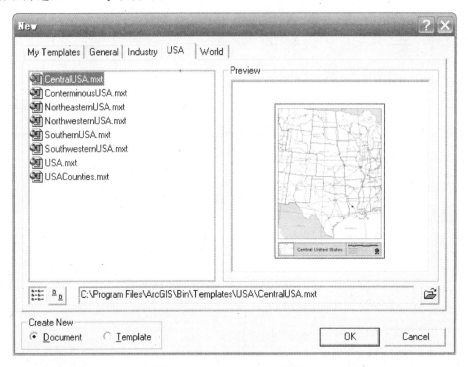

图 3.2 Map Templete 对话框

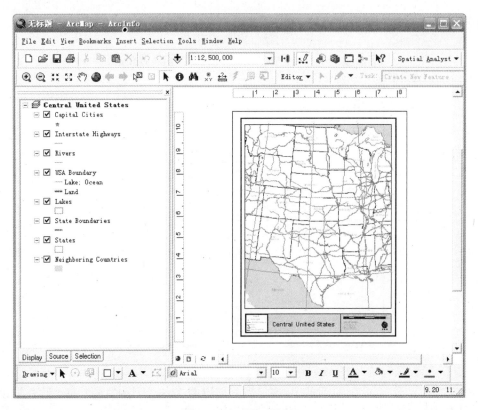

图 3.3 ArcMap 视窗

③ 在 ArcMap 视窗中,可进行地图制作。

④ 完成新地图的创建,并制作好地图后,可将地图保存为 mxd 格式,已备以后调用或修改。

显然,上述操作方法是应用已有地图模版来创建新地图,如果不想应用地图模版来创建新地图,则需要按照下列过程操作。

① 在如图 3.1 所示对话框中选择"A new empty map"方式,单击"OK"按钮。

② 创建无模版地图,并进入 ArcMap 视窗。完成新地图的创建后,可存盘以备后用。

3.1.2　在 ArcMap 中创建新地图

在 ArcMap 视窗中创建新地图的方法如下:

① 在 ArcMap 视窗(图 3.3)中,单击主菜单条的"File"菜单,选择"New"菜单命令,打开 Map Template 对话框(图 3.2)。

② 在 Map Template 对话框中,选择地图版式,在 Preview 窗口预览地图版面布局。

③ 单击"OK"按钮,打开 ArcMap 视窗(图 3.3)。

3.1.3　打开地图

在 ArcMap 中,经常需要打开已建立好的地图进行地理信息的查询、更新、修改以及输出等操作。运行 ArcMap,打开 ArcMap 启动对话框界面(图 3.1),选择"An existing map"后,单击"OK"按钮,打开如图 3.4 所示对话框。在该对话框中,选择 mxd 格式的地图文件,单击"打开"按钮即可。

图 3.4　打开已建立好的地图

3.2 加载数据层

通过前面介绍的方法,虽然创建了一幅新地图,但它还是一幅空白图,因为图中没有任何地图数据层(data layer)。只有进一步将表示空间地理要素的各种数据层加载到空白图中,才能新建一幅名副其实的地图。

在 ArcMap 中加载数据层一般有两种方法,而且根据工作需要可以加载多种格式的数据,如 AutoCAD 矢量数据 DWG,ArcGIS 中的 Shapefile,Coverage,Geodatabase,TIN 及各种栅格数据等。

3.2.1 借助 ArcCatalog 加载数据层

ArcCatalog 相当于一个资源管理器,ArcGIS 所涉及的数据文件都可以通过 ArcCatalog 浏览和操作。借助 ArcCatalog 向新地图加载数据层,就是为了更好地查找所需要的数据层,然后将数据层直接拖放到 ArcMap 的图形显示窗中,从而达到加载数据层的目的。具体操作如下:

① 启动 ArcCatalog 模块。启动 ArcCatalog 有两种方法:第一种是通过直接单击桌面上的 ArcCatalog 快捷图标启动或者通过开始菜单来启动;第二种是在 ArcMap 视窗(图 3.3)的标准工具条中,直接单击图标 ,打开 ArcCatalog 视窗。

② 排列 ArcCatalog 视窗。根据显示器的大小和自己的工作习惯,排列 ArcCatalog 视窗和 ArcMap 视窗,使两个视窗同时出现在屏幕上,以便加载数据层时执行拖放操作。

③ 拖放操作加载数据层。在 ArcCatalog 视窗(图 3.5)中,选择需要加载的数据层,按住左键拖动到 ArcMap 图形显示窗口后释放左键,将该数据层放置在 ArcMap 地图中,完成数据层加载。

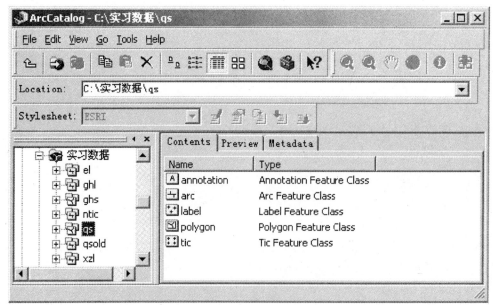

图 3.5 ArcCatalog 视窗

3.2.2 直接在新地图上加载数据层

创建或打开新地图以后,可以直接调用 ArcMap 视窗主菜单命令或标准工具图标,向新地图加载数据层。如图 3.6 所示,是在新地图中加载数据层,其具体操作为:在 ArcMap 视窗(图 3.3)中单击 ✚ 按钮,或单击"File"→"Add Data"命令,打开"Add Data"对话框(图 3.7)。在该对话框中,通过"Look in"下拉窗口确定需要加载的数据。选定新加载的数据路径,在 Object 窗口选择需要加载的数据图层,单击"Add"按钮将"qsj"层加载到新地图中。

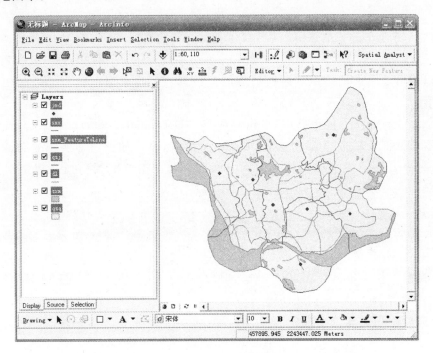

图 3.6 ArcMap 地图视窗

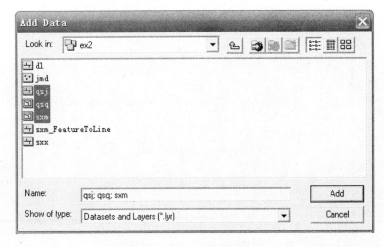

图 3.7 "Add Data"对话框

3.2.3 加载数据层的路径

在 ArcMap 中,不但可加载多种格式的矢量数据,还可加载多种格式的栅格数据。但需要注意的是,在 ArcMap 地图文档中所记录和保存的并不是数据层的原数据,而仅仅记录和保存了各个数据层所对应的原数据的路径信息。

在打开一幅 ArcMap 地图的同时,系统就根据地图文档中所记录的路径信息到原数据所在目录中实时调用原数据。如果磁盘中原数据文件的路径发生改变,系统就会提示重新指定数据文件的新路径或者忽略读取该数据层,在地图中不再显示该数据层的信息。

显然,数据层的路径信息对于 ArcMap 地图文档的编辑、管理、分发、交换等实际工作会造成一定的限制。为了解决这一问题,ArcMap 系统提供了一种相对路径存储功能,用户还可以编辑地图文档中数据层所对应的原数据。下面介绍存储数据层的相对路径方法。

在 ArcMap 视窗主菜单条中,单击"File"→"Document Properties"命令,打开如图3.8 所示对话框。单击"Data Source Options"按钮,打开如图 3.9 所示的对话框。选择"Store relative path names to data sources"选项,单击"OK"按钮,完成数据层的相对路径保存。

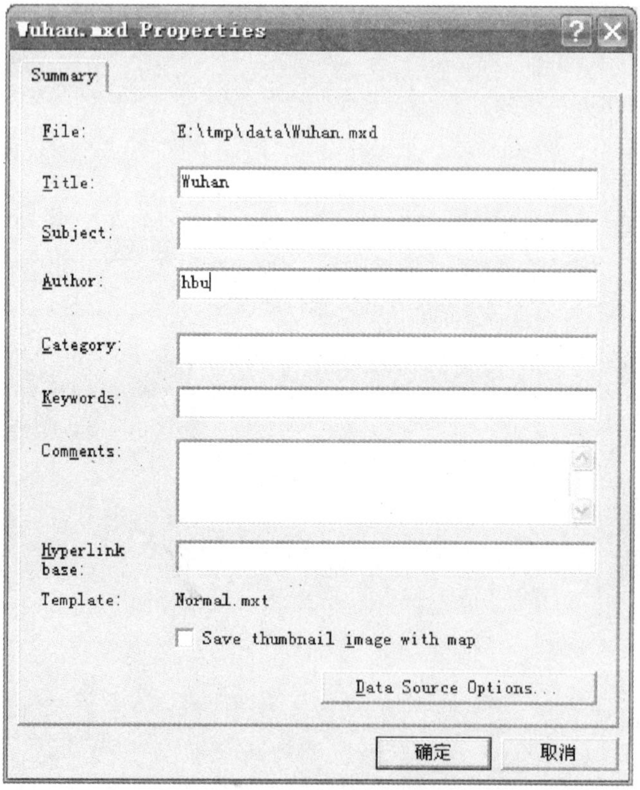

图 3.8 Document Properties 对话框

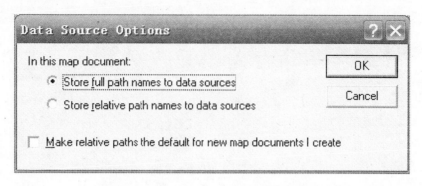

图 3.9 "Data Source Options"对话框

3.2.4　修改数据层名称

加载到 ArcMap 地图中的每一个数据层,在 ArcMap 视窗左边的内容表中都有一个名称与之对应;数据层所包含的一系列地理要素,也有相应的描述字符与之对应。在缺省状态下,数据层的名称就是数据文件的名称,而地理要素的描述就是要素类型字段值。数据层名称和要素描述不仅对用户有提示作用,而且影响着输出地图中的图例。在实际应用中,有时需要对数据层名称、地理要素描述、甚至地图数据组名称进行修改。

修改数据层名称的基本步骤:在 ArcMap 视窗的内容表中,单击需要修改的数据层,使该数据层成为当前可编辑层。移动光标到该数据层上,单击左键,使该数据层名称进入可编辑状态,输入该数据层的新名称。

同样的方法还可以改变数据层中地理要素的描述和数据组的名称。

3.2.5　定义数据层的坐标

ArcMap 地图是现实世界的真实反映,组成 ArcMap 地图的数据层大多具有地理坐标系统的空间数据。当用户创建了一幅新地图并向其中的一个数据组加载数据时,第一个被加载的数据层的坐标系统,就作为该数据组的默认坐标系统;随后加载的数据层,无论其原有的坐标系统如何,只要含有足够的坐标信息,满足坐标转换的需要,都将被自动转换成该数据组的坐标系统。当然,这种转换并不影响数据层所对应的数据文件本身。

如果用户不知道所操作数据组或加载数据层的坐标系统,可以通过数据组属性或数据层属性进行查阅,并可根据需要进行修改。如图 3.10 所示,将光标移到 ArcMap 视图的内容表中的数据组(Layers)上,单击鼠标右键,打开数据组操作快捷菜单,单击"Properties..."选项。在弹出的"Data Frame Properties"对话框(图 3.11)中,单击"Coordinate System"选项卡,则数据组的坐标信息就显示在 Current Coordinate 窗口了。

如果显示没有坐标系统,用户就可以给它定义一个坐标系统。在图 3.11 中,双击"Select a coordinate system"窗口中的"Predefined"选项,打开逐级目录搜索,选择需要的投影类型。最后单击"确定"按钮,数据组中所有数据层的坐标系统都将变换为新的类型。

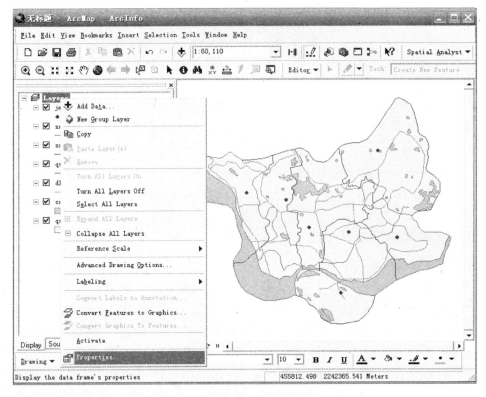

图 3.10　数据组操作快捷菜单

图 3.11　"Data Frame Properties"对话框

3.3 空间数据输入

3.3.1 扫描矢量化

GIS项目中费用最大的部分就是数据库建设。将纸质地图转化为数字地图通常是数据库建设的第一步,但近年来随着GIS空间数据源的多样性,使得地理数据输入的概念已经不是单纯的数字化,而是泛指将系统外部的原始数据输出到该系统内部,并将这些数据从外部格式转换为系统便于处理的内容格式的过程。原始数据的主要采集途径有数据转换、遥感数据处理以及数字测量等方法。从遥感影像上直接提取专题信息需要使用几何纠正、影像增强、图像变换、影像分类等技术,主要属于遥感图像处理。本节主要介绍矢量数据如何采集。

地图数字化是获取GIS数据最基本的方法,目前主要有两种方法实现地图数字化,即直接数字化输入和扫描仪输入(即扫描矢量化)。由于直接数字化输入方式工作繁重,已经渐渐地被扫描矢量化所代替,因此本节就扫描矢量化输入方法进行详细的论述。

扫描矢量化是指对现有地图扫描后,以扫描图像为背景进行地图要素判读,输入矢量化空间数据,根据矢量化过程中自动化程度的高低又可分为全自动、半自动和人工矢量化。扫描矢量化的详细过程为:准备需要数字化的纸质地图;使用扫描仪对纸质地图进行扫描;对扫描后的地图进行编辑处理,以提高扫描地图的图像质量;图像配准;地图矢量化(交互式的录入数据);检查编辑矢量图层。

其中,前面几步属于预处理阶段,下面将从图像配准开始,就扫描矢量化过程进行详细的讲解。

1. 图像配准

所有的图件扫描后都必须经过扫描配准,对扫描后的栅格图进行检查,以确保矢量化工作顺利进行。在ArcGIS中图像配准的过程如下:

(1) 加载图像

打开ArcMap,在菜单栏上单击鼠标右键,添加影像配准工具栏。添加需要进行配准的图像——"实习用图.bmp",影像配准工具栏被激活,如图3.12所示。

(2) 输入控制点

在图像配准中,需要选择一些特殊点的坐标,可以是公里网格的交点,也可以是图廓点。为保证图像配准的质量,控制点的选点应尽量均匀分布。

在影像配准工具栏上单击 ⚊ (添加控制点)按钮即可实现。使用该工具,在扫描图上精确找到一个控制点点位,然后单击鼠标右键输入该点的实际坐标值,如图3.13所示。

用相同的方法,在影像上增加多个控制点(大于3个),输入它们的实际坐标。单击影像配准工具栏上的 ▦ (查看链接表)按钮,查看纠正误差,如图3.14所示。对残差特别大的控制点可以删除后重新选取控制点。

在图3.14对话框中单击"Save..."按钮,可以将当前的控制点保存为磁盘上的文件。下次要使用已经保存的控制点时,直接单击"Load..."即可。

图 3.12　图像配准工具栏

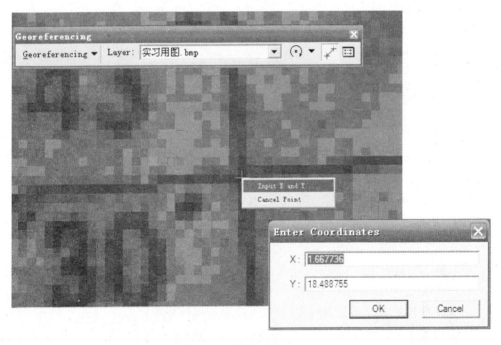

图 3.13　添加控制点

（3）矫正图像

增加完所有控制点，并检查均方差（RMS）在允许误差范围之后，单击"Georeferencing"下拉菜单中的"Rectify..."选项，打开如图 3.15 所示的对话框，"Cell size"使用默认参数，"Resample Type"选择第二个，输出路径默认到图幅文件夹下，格式为 tiff，完成保存。

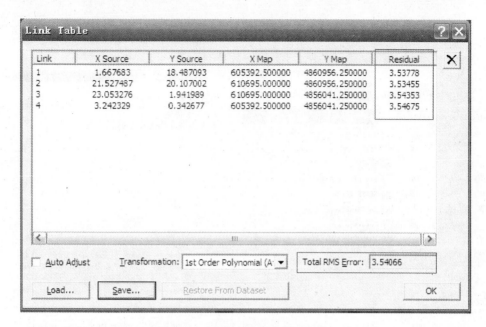

图 3.14　查看链接表及纠正残差

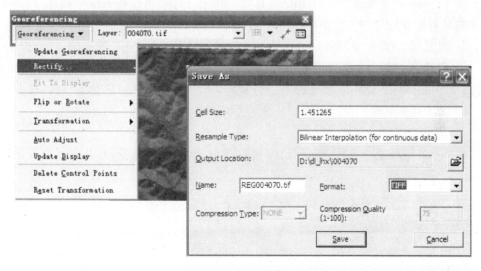

图 3.15　矫正图像

完成图像矫正后,可将原始的栅格文件从数据文件中删除,加载重新采样后得到的栅格文件,后面的数字化工作是对这个配准和重新采样后的影像进行的一系列操作。

通过上面的操作完成了配准工作,下面将使用这些配准后的影像进行分层矢量化。

2. 新建 Shapefile

在 ArcMap 中,扫描矢量化输入可以在 Geodatabase 和 Shapefile 中输入,因此在进行数字化之前,必须新建要素类,下面以 Shapefile 为例进行讲解,在 Geodatabase 中新建要素类,同样可以进行数据输入。

① 启动 ArcCatalog,在 ArcCatalog 左侧目录窗口中,右键单击事先建立好的文件夹,在出现的级联菜单中选择"New"→"Shapefile"命令(图 3.16),打开新建 Shapefile 对话框(图 3.17)。

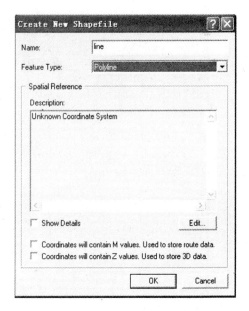

图 3.16　新建 Shapefile　　　　　　图 3.17　新建 Shapefile 对话框

②　在"Name"列表框中输入"line",在"Feature Type"下拉列表框中选择"Polyline",新建线要素类,单击"OK"按钮,即完成一个名为 line 的线要素类 Shapefile 建立。

③　重复以上操作,分别新建 polygon 多边形要素类和 point 点要素类。

④　启动 ArcMap,加载需要矢量化的图像文件,单击 ✚ 按钮,添加刚才建立的 line、polygon、point 等 Shapefile,由于没有进行编辑,这 3 个 Shapefile 还都是空层,没有要素。

3. 基本编辑菜单

(1) Editor 工具

在 ArcMap 的菜单栏中,单击鼠标右键,调用"Editor"工具条,它有 9 个重要的选项,如图 3.18 所示。

图 3.18　"Editor"工具条

①　Editor 菜单 Editor▾ ,用于启动、结束编辑状态和保持编辑,还有多种编辑操作、捕捉设置以及编辑选项。

②　Edit 选择工具 ▶ ,用于选择需要编辑的要素。

③　绘图工具板 ✐▾ ,是编辑要素的主要工具,有一系列绘制任意线的工具,用于输入新的要素以及修改已有要素的形状。

④　Task 下拉列表 Task: Create New Feature ▾ ,从中选择要进行的编辑任务,包括 Create Task,Modify Task 等,编辑的要素类型不同,任务也会不同。

⑤　Target(Layer)下拉列表 Target: point ▾ ,从中选择要编辑的目标图层。

⑥ Split 工具 ✗，用于打断被选择的要素。

⑦ Rotate 工具 ⊙，用于旋转被选择的要素。

⑧ Attribute 工具 ▦，显示被选择要素的相关属性。

⑨ Sketch Properties(任意线特征) ▱，在绘制任意线时，显示和输入中间拐点的 X,Y坐标值。

(2) Advanced Editor 工具

单击"Editor"工具条中的"Editor"按钮，在下拉菜单中选择"More Editing tools"→ "Advanced Editing"命令，弹出如图 3.19 所示的工具条。

图 3.19 "Advanced Editor"工具条

其中，▱ 为拷贝工具，主要用来创建选中要素的副本；▛ 工具主要用来在两个线要素之间创建导角曲线；⊣ 为延伸工具，其目的是延长线使之与另一线相交；✛ 为修剪工具，用来裁剪与已选线相关的线段；⼃ 为线相交工具，使得数字化的线在数字化过程中自动与已相交的线进行相交，即自动打断；⁜ 工具主要用来将组合要素拆分成部分要素；⼁ 为化简工具，主要用来简化所选要素形状，根据设定的容限值抽稀线上的节点；最后两个工具则分别用来绘制矩形和圆形。

(3) 捕捉环境设置

在进行数字化之前，还需要设置要素捕捉距离，以确保要素定位准确，要素之间相互连接便于以后拓扑关系的建立。

① 选择"Editor"下拉菜单中的"Options"命令，打开"Editing Options"(编辑选项)对话框(图 3.20)。

② 设置捕捉距离。选择"General"选项卡，在"Snapping tolerance"中输入捕捉距离，在右侧的列表框中选择"map units"(地图单位)，单击"确定"按钮完成设置。

③ 设置捕捉的方式。

Vertex:拐点，包括结点；Edge:线段，计算得到线段上最近的点，可以不是拐点；End:结点，即起结点和终结点，不包括拐点。

明确基本内容之后，在"Editor"下拉菜单中选择"Snapping"命令，打开设置捕捉窗口(图 3.21)。

① 根据需要勾选其中一项或多项，如果选择"End"模型，则只能在线要素的结点上捕捉。

② 关闭对话框完成以上设置。

③ 即时捕捉。光标位于需要捕捉的位置上，单击鼠标右键，在弹出的绘图环境菜单中选择"Snap To Feature"(图 3.22)，其下有 4 种捕捉方式:Endpoint(端点),Vertex(拐点),Midpoint(中点),Edge(线段)。

④ 选择需要的捕捉方式即可进行下一步操作。

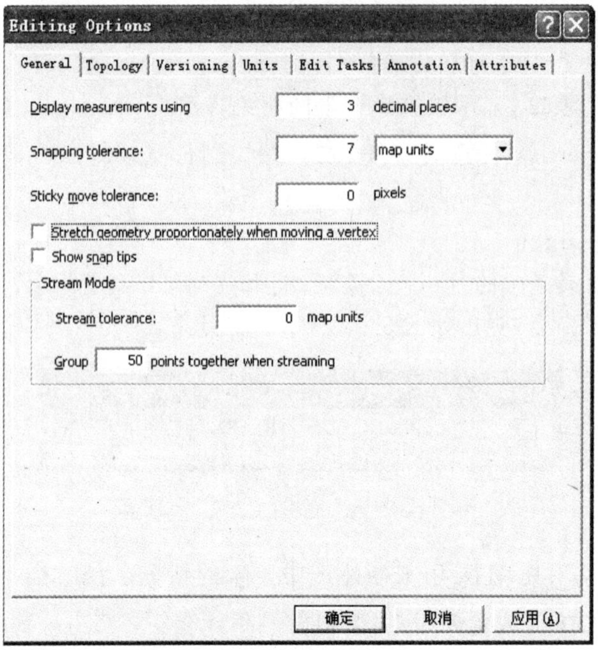

图 3.20 “Editing Options”对话框

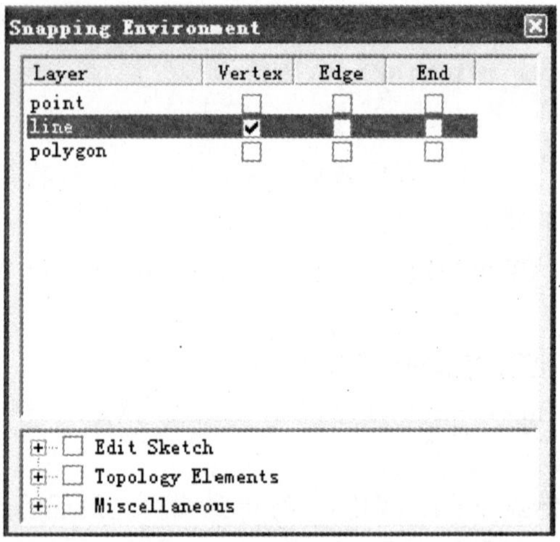

图 3.21 捕捉设置窗口

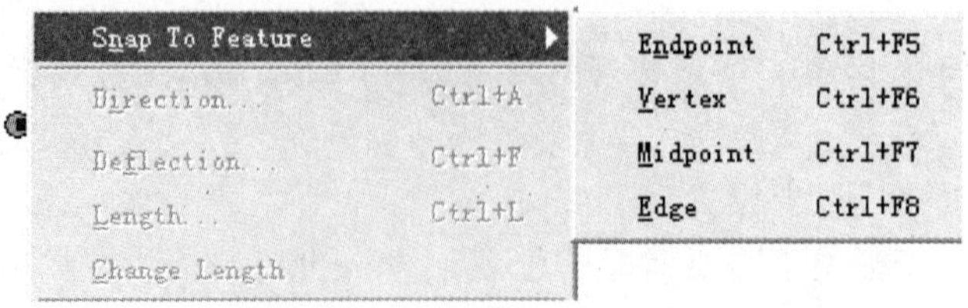

图 3.22 绘图环境菜单

4. 要素的输入与编辑

(1) 点要素的输入与编辑

单击"Editor"工具条上的"Editor"按钮,在下拉菜单中选择"Start Editing"进入编辑状态;在"Task"下拉列表中,选择"Create New Feature"(新建要素任务状态);在"Target"下拉列表中,选择目标图层为"point";单击任意线工具(Sketch),开始输入点要素;单击鼠标右键,在弹出的下拉菜单中选择"Absolute X,Y"选项,表示按照绝对坐标输入点要素;输入点要素时也可以使用捕捉方式,其方法与线要素输入相同。

(2) 线要素的输入与编辑

在 ArcMap 中,每个线要素都由拐点坐标控制,拐点分为起始点(Start Node)、中间拐点(Vertex)、终结点(End Node)3 种。线要素的输入即是输入多个拐点。输入线要素通过使用绘图工具板实现,图 3.23 为 ArcGIS 中的绘图工具。

图 3.23 绘图工具板

① 在"Task"下拉列表中选择"Create New Feature",在"Target"下拉列表中选择"line"(需要编辑的要素类)。

② 任意线(Sketch)工具 ,单击该图标在图形显示窗口输入线要素,双击结束线要素的输入。

③ 相交工具(Intersection Tool) ,用来计算产生两条线的交点,如果两条线延长后可以相交,希望交点处输入新的线,就可以使用这一工具。

④ 圆弧工具(Arc Tool) ,输入线要素的圆弧段,通过依次输入起点、中间点、终点 3 个点实现圆弧段的输入。

⑤ 终点圆弧工具(End Point Arc Tool) ,另一个输入圆弧段的工具,与 Arc Tool 不同的是输入次序不一样,此工具必须先输入圆弧的起点和终点,再指定圆弧中间的某一点,从而确定这 3 个点所控制的圆弧段。

⑥ 中点工具(Midpoint Tool) ,将两点连线的中点作为线要素的拐点。

⑦ 相切曲线工具(Tangent Tool) ,输入一段与上一条直线段或圆弧段相切的曲线,此工具只能用于输入线要素的中间点、终结点。

⑧ 定距取点工具(Distance-Distance Tool) ,是一个非常有用的工具。例如,在某一位置需要埋设标杆,虽然不知道确切的坐标位置,但是一直离开某一建筑的一角 30 米,离另一建筑的一角 50 米,此时,便可以使用此工具来确定这一点。在此过程中按"R"键,在出现的对话框中输入定点距离(圆的半径),如图 3.24 所示。

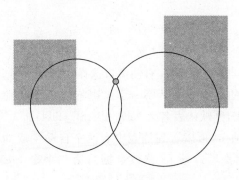

图 3.24 定距取点

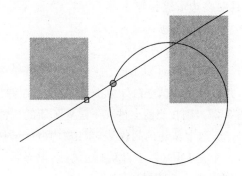

图 3.25 定向定距取点

⑨ 定向定距取点工具(Direction-Distance Tool) ⌀ ,另一种定距取点工具,按照一个已知点的相对方向和另一个已知点的距离来定点,操作过程与定距取点工具相似,使用此工具可以按"A"键输入相对角度来确定已知点的相对方向,按"D"键在出现的对话框中输入定点距离(圆的半径),如图 3.25 所示。

⑩ 跟踪工具(Trace Tool) ⌐ ,例如,要在已知的地块边界线输入一条离开边界 3米的建筑物控制线,就可以使用此工具,首先确定边界线被选中,然后选择此工具,按"O"键,在对话框中输入要偏移的距离,单击"OK"按钮,然后在窗口中输入控制线即可。

(3) 面要素的输入与编辑

① 单击"Editor"工具条上的"Editor"按钮,在下拉菜单中选择"Start Editing"进入编辑状态。

② 在"Task"下拉列表中,应选择"Create New Feature"(新建要素任务状态);在"Target"下拉列表中选择目标图层为"polygon"。

③ 选择任意线工具(Sketch),就开始输入多边形要素。

④ 使用任意线工具输入多边形时,相交工具、圆弧工具、中点工具等都可以用于确定多边形的结点、拐点。

⑤ 如果要输入规则多边形,如圆形或矩形,可以使用圆形工具 ○ 或矩形工具 □ 。右键单击工具栏,在弹出的菜单中单击"Advance Editing"命令添加"Advance Editing"工具条(图 3.26),在输入圆形时,按"R"键,可以输入圆形的半径。

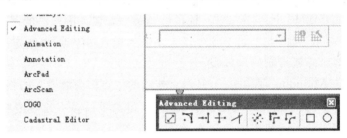

图 3.26　添加"Advance Editing"工具条

⑥ 需要修改多边形时,在"Editor"工具条上单击 ▶ 按钮,在需要修改的多边形内部双击鼠标,可以看到该多边形边界的所有结点、拐点都进入调整状态,根据需要使用各种工具对多边形进行修改。

5. 属性数据的输入和编辑

(1) 属性表的建立

① 启动 ArcCatalog,在左侧窗口选择事先创建的文件,在右侧窗口选择"Contents"选项卡,并在右侧窗口空白处单击鼠标右键,在弹出的菜单中选择"New"→"dBASE Table"命令(图 3.27),则在当前文件夹下建立了新的属性表,其默认表名为 New_dBASE_Table。

② 选中新建的属性表,单击"Preview"选项卡,可以看到该表中有两个自动生成的字段,一个是 OID(用于自动标示每条记录,不允许用户输入、修改数据);第二个是 Field1(接受用户输入数据)。

图 3.27　新建属性表　　　　　　　　　图 3.28　打开 dBASE Table
　　　　　　　　　　　　　　　　　　　　　　　Properties 对话框

③ 选中新建的属性表 New_dBASE_Table，在"File"下拉菜单中选择"Properties"命令（图 3.28），打开"DBASE Table Properties"对话框，选择"Fields"选项卡（图 3.29）。

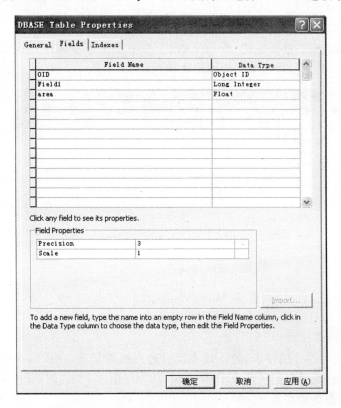

图 3.29　"DBASE Table Properties"对话框

④ 在"Field Name"列下输入字段名，在右侧"Data Type"列表中选择数据类型，根据需求添加多个字段。

⑤ 单击"确定"按钮结束属性表的结构定义。

（2）在属性表中添加记录

① 启动 ArcMap，加载上一步建立好的属性表或打开已创建的空间数据的属性表。

② 鼠标右键单击该表，在弹出的菜单中选择"Open Attribute Table"命令，打开属性表，这时的表是空表（图 3.30）。

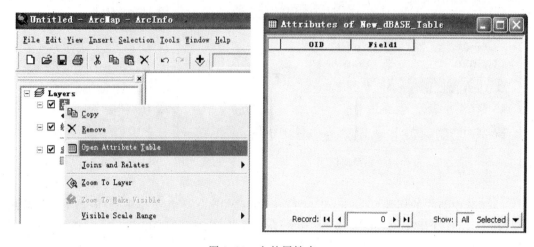

图 3.30　空的属性表

③ 单击"Editor"工具条上的"Editor"按钮，在下拉菜单中选择"Start Editing"，该表进入编辑状态，可在表记录的单元添加输入数据（图 3.31）。

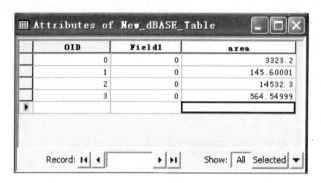

图 3.31　在属性表中录入数据

④ 数据录入完毕，按回车键结束，单击"Editor"按钮，在下拉菜单中选择"End Editing"，在弹出的对话框中选择"是（Y）"，实现属性数据的录入。

（3）属性表的常用操作

① 增加字段。打开属性表，确认该表没有进入编辑状态，在属性表对话框右下侧单击"Options"按钮，在弹出的菜单中选择"Add Field"（图 3.32），在打开的对话框（图3.33）中输入字段名和数据类型即可。

② 删除字段。打开属性表，确认该表处于未编辑状态，右键单击要删除的字段名，在弹出的菜单中选择"Delete Field"即可（图 3.34）。

③ 删除记录。打开属性表，选择"Start Editing"使其进入编辑状态，单击要删除的记录左侧的方格使其处于被选中状态，单击鼠标右键，在弹出的菜单中选择"Delete Selected"即可（图 3.35）。

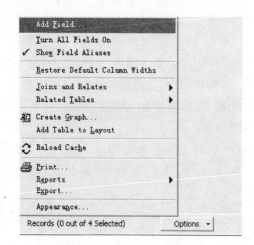

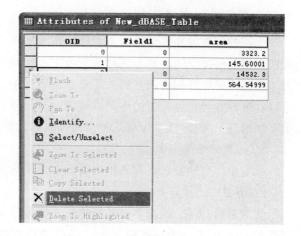

图 3.32 增加字段　　　　　　　　　图 3.33 "Add Field"对话框

图 3.34 删除字段　　　　　　　　　图 3.35 删除记录

图 3.36 利用文件录入空间数据

3.3.2 利用文件录入空间数据

在数据生产过程中,可以采用关系数据库或文本方式记录空间数据坐标。利用 GIS 软件的键盘录入方式就可将这些数据直接录入空间数据库中,这样既减少建库的工作量,又提高了建库精度。ArcGIS 软件提供了这样的功能,可以将固定文本格式的空间坐标数据文件转为 Shapefile 或别的格式文件。转换过程如下:

在 ArcMap 中打开表文件,选择"Tools-Add XY Data",弹出如图 3.36 所示的对话框,从中选择存贮数据的表元素,并指定表中 X 和 Y 坐标,确定相应的投影参数,即完成数据转换。

3.4 空间数据的查询

3.4.1 空间数据的查询方法

空间数据查询是通过地图要素的操作从地图上检索数据的过程。可用指针、图形或地图要素之间的空间关系来选择地图要素。空间数据的查询是数据库的地理界面,因此对于那些用属性数据难以完成的任务是很有用的,如选择毗邻地区。空间数据查询结果可以直观检查或存储为新的地图以便进一步处理。要对空间数据进行查询,首先必须对空间数据进行选择,以下介绍几种空间数据的选择方法。

1. 由指针选择要素

最简单的空间数据查询是指向要素本身来选择地图要素。

2. 由图形选择要素

使用圆圈、方框、线或多边形等图形来选择落在图形对象之内或与图形对象相交的地图要素。例如,在一个宾馆的 1 米半径范围内选择餐馆,选择与所提议的公路相交的地块,在所提议的自然保护区内查找地块的所有者。

3. 由空间关系选择要素

采用这种查询方法选择地图要素是基于这些要素与其他要素之间的空间关系对其进行选择的。所要选择的地图要素可以在同一图层中进行选择,如在选择区域 50 米半径范围内寻找加油站;也可以在不同的图层中进行选择,如在每个县内查找加油站,这种查询必须有两个图层,一个是县界图层,另一个是加油站图层。

空间查询基本的空间关系包括包含(containment)、相交(intersection)、邻近(proximity)。

① 包含(containment)。选择完全落在用于选择的要素之内的要素。例如,在选定的县里查找学校。

② 相交(intersection)。选择与用于选择的要素相交的要素。例如,查找穿越城市境界的地块。

③ 邻近(proximity)。选择在用于选择要素的指定距离范围内的要素。例如,在某一公路 100 米范围内查找加油站。如果指定的距离为 0,则变成邻接(adjacency)。例如,选择洪涝地带邻接的地块。

3.4.2 查询要素的选择

ArcGIS 提供了四种要素选择方法,即交互式选择(Interactive Selection)、按属性选择(Select By Attributes)、按位置查询(Select By Location)、按图形选择(Select By Graphic)。当查询执行以后,选定的要素就会在地图和属性表中高亮显示出来。各种查询方法在 ArcGIS 中的使用分别如下。

1. 交互式选择

ArcMap 中提供了多种选择要素的方法,如单个要素选择、多个要素选择等,当所需要素选择好之后,就可以对其进行各种操作,如统计分析、转换输出等。

① 加载实验数据(此操作使用 ArcGIS 自带数据进行实验演示)。

② 在 ArcMap 窗口中选择"Selection"菜单下的"Set Selectable Layers"命令,在打开的对话框中(图 3.37)根据需要选择图层。

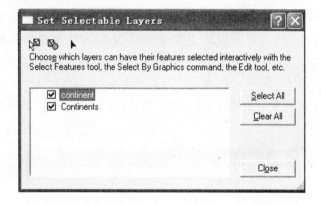

图 3.37 "Set Selectable Layers"对话框

③ 选择"Selection"菜单下的"Interactive Selection Method"(交互式选择方法)中的命令,确定选择方法(图 3.38)。

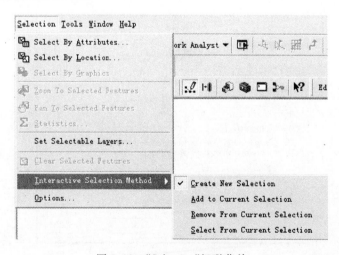

图 3.38 "Selection"级联菜单

ArcMap 提供了 4 种交互式要素选择方法(图 3.38),这些方法可在两个位置指定:一个位置是执行交互式选择时访问"Selection"主菜单,另一个位置是"Select By Attributes"或"Select By Location"窗口。

• Create New Selection(创建新选择)。无论是否选定其他任何内容,总是选择指定的记录。如果选定其他记录,则采用新选定的记录来代替它们。例如,已经选定了 A 要素,然后选择 B 要素,那么结果为只选定 B 要素。

• Add to Current Selection(添加到当前选择)。将适合查询的记录结果附加到当前选定的任何选择。例如,如果选择了 A 要素,然后再选择 B 要素,那么最终选定的结果就是同时选定了 A 要素和 B 要素。这种方法等同于使用 OR 运算符的双表达式来完成一个步骤。

• Remove From Current Selection(从当前选择中删除)。去除满足选择条件的记录。例如,选定了 A 要素、B 要素和 C 要素,然后选择 B 要素,那么将只剩下 A 要素和 C 要素。这个选项中会从选定集合中删除一些内容,所以必须在操作前确认是否进行此操作。

• Select From Current Selection(从当前选择中选择)。选择满足该条件的记录,提供它们已经被选定的内容。例如,已经选定了 A 要素、B 要素和 C 要素,然后选择 A 要素,那么最终将会选定 A 要素;如果选择 D 要素,那么最终无法选定,因为 D 要素没有位于原始选择中。

④ 选择"Selection"菜单下的"Options"命令,打开"Selection Options"(选择选项)对话框(图 3.39)。

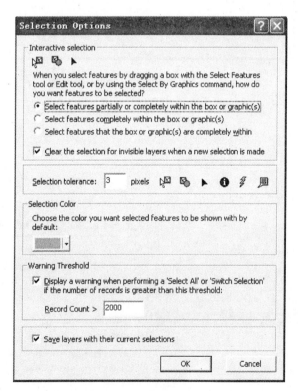

图 3.39 "Selection Options"对话框

⑤ 在"Interactive Selection"选项组中确定选择框与选择要素的关系；在"Selection tolerance"文本框中确定选择要素的范围误差，默认值为 3；在"Selection Color"（选择颜色）选择组中确定选择要素高亮度显示的颜色；单击"OK"按钮，完成选择设置。

⑥ 在 Tools 工具栏中单击 Select Features（选择要素）按钮 。单击需要选择的要素，要选择多个要素时，只需按住 Shift 键单击多个要素即可；也可以按住鼠标左键在 ArcMap 图形窗口中拖动形成一个矩形，将需要选择的要素框起来，完成要素的选择（图 3.40）。

图 3.40　"Select Features"选择的要素结果

2. 按属性选择

在 GIS 中，图形与属性是一体化管理的，用户基于属性表中的字段指定某个特定条件，然后选择满足该条件的图形要素，主要是根据结果化查询语言 SQL 建立由属性字段、逻辑或算术运算符号、属性数值或字符组成的选择条件表达式进行查询。

① 加载实验所需数据。

② 在图层列表（TOC）中右键单击需要进行选择操作的图层，在弹出的菜单中选择"Open Attribute Table"命令，打开此图层的属性表。

③ 在该图层的属性表中单击记录最前面的灰色按钮，这条记录便以高亮度显示，同时对应的图形要素也已高亮度显示。如需选择多个要素时按住 Ctrl 键，并单击表格记录最前面的灰色按钮使其被选中（图 3.41）。

还可以单击"Selection"菜单中的"Select By Attributes"命令，打开如图 3.42 所示的对话框。

④ 在 Select By Attributes 对话框中的"Layer"下拉列表框中确定包含查找属性的数据层。

⑤ 在"Method"下拉列表中确定选择的方法，这里选择"Create a new selection"（产生一个新的选择）。

⑥ 在"Field"列表框中选择字段并双击，将其添加到 SQL 表达式列表框中。在逻辑操作符面板中单击需要的操作符。在"Unique Values"列表中选择属性值（若不显示，单击下面的"Get Unique Values"按钮使其显示），然后双击将属性值添加到 SQL 表达式列表框中。

图 3.41 "Select By Attributes"选择的要素结果

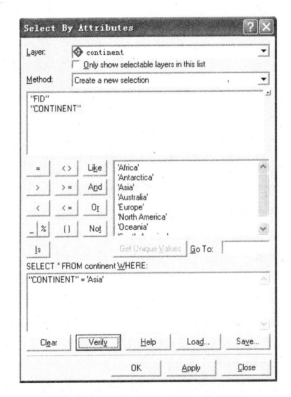

图 3.42 "Select By Attributes"对话框

⑦ 单击"Verify"按钮,检验逻辑表达式的正确性。若需保存则单击"Save..."按钮,SQL 条件表达式将保存成一个后缀为"*. exp"的文件;

⑧ 单击"Apply"按钮,执行查询,符合条件的图形要素将被选择并以高亮度显示。

3. 按位置选择

根据空间位置查询就是通过空间位置查找要素,即按照同一数据层不同要素之间或不同数据层的不同要素之间的空间关系,采用不同判断方法来选择图层要素。例如,按照城市与行政区划的空间位置关系在世界范围内查找中国的城市等。

① 在"Selection"菜单中选择"Select By Location"命令，打开如图 3.43 所示的对话框。

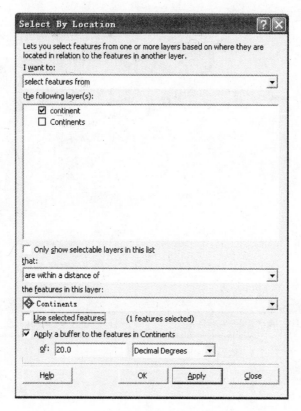

图 3.43 "Select By Location"对话框

② 在"I want to"下拉列表框中确定选择方法为"Select features from"。

③ 在"the following layer(s)"列表框中确定选择要素所在的图层，在"that"下拉列表框中确定要素选择条件为"are within a distance of"。

④ 在"the features in this layer"下拉列表框中确定作为查找空间定位的图层。

⑤ 选中"Apply a buffer to the features in Continents"复选框，确定缓冲距离和单位。

⑥ 单击"Apply"按钮，执行此操作，被选中的要素在图形窗口中以高亮度显示（图 3.44）。

4. 按图形选择

根据图形查询要素是指根据要素与图形之间的相交关系来选择要素。其中图形可以是除文本和弧线以外的任何图形要素。在进行此操作之前，首先要利用选择要素工具（Select Elements Tool）选择一定的图形。

① 在"Draw"工具栏中单击"New Graphic Tool"（新图形工具）按钮的下三角按钮，在弹出的下拉菜单中选择一种工具，这里选择"New Circle"（图 3.45）。

② 单击"Fill Color"按钮 ，在下拉菜单中选择"No Color"（以便可以看到位于图形下面的要素），然后在适当位置绘制一个圆，如果已存在图形要素，则只需用"Select Elements"工具 ，将其选中即可。

图 3.44 "Select By Location"选择的要素结果

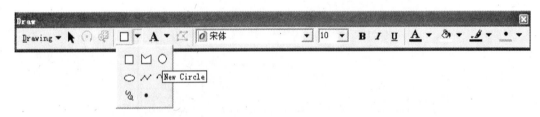

图 3.45 "Draw"工具栏

③ 在"Selection"菜单下选择"Set Selectable Layers"命令,在弹出的如图 3.46 所示的对话框中,将需要选择的要素所在图层前面的复选框选中,设置完成后单击"Close"按钮。

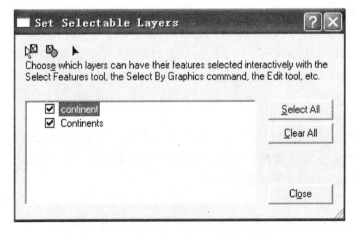

图 3.46 "Set Selectable Layers"对话框

④ 在"Selection"菜单下选择"Select By Graphics"(根据图形选择)命令,则与选中图形相交或位于选中图形内部的图形要素将被选中,并以高亮度显示(图 3.47)。

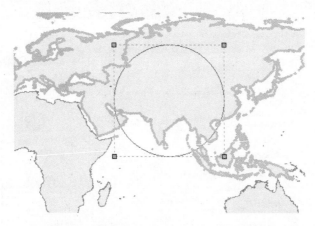

图 3.47　"Select By Graphics"选择的要素结果

3.4.3　空间数据查询及结果显示

1. 利用属性表查询

① 在 TOC 列表中,右键单击需要进行选择操作的图层,在弹出的菜单中选择"Open Attribute Table"命令,打开此图层的属性表。

② 在作为排序依据的字段名"CONTINENT"上单击鼠标右键,弹出属性表操作菜单,如图 3.48 所示。

	FID	Shape *	CONTINENT	
	0	Polygon	Asia	≣ Sort Ascending
	1	Polygon	North America	≣ Sort Descending
·	2	Polygon	Europe	≜↓ Advanced Sorting...
	3	Polygon	Africa	
	4	Polygon	South America	Summarize...
	5	Polygon	Oceania	Σ Statistics...
	6	Polygon	Australia	
	7	Polygon	Antarctica	📊 Field Calculator...
				Calculate Geometry...

图 3.48　属性表及属性表操作菜单

③ 选择"Sort Ascending"命令(Sort Descending 命令),整个属性表将按照升序或降序排列。

2. 利用查找工具查询

① 单击数据显示工具栏中的 🔍 按钮,打开查找对话框。

② 在"Find"下拉列表中输入要查询数据的部分或全部属性值(此处输入"Asia"),单击"Find"按钮,对话框的下部就会出现查到的记录,显示出对应的 Value,Layer 和 Field(图 3.49)。

③ 单击其中的记录,图形显示窗口中的地图对应要素就会闪烁一下。

④ 在所选择的记录上单击右键,在弹出的菜单中选择"Zoom To"命令,则图形窗口将放大到被选择的查找要素范围。

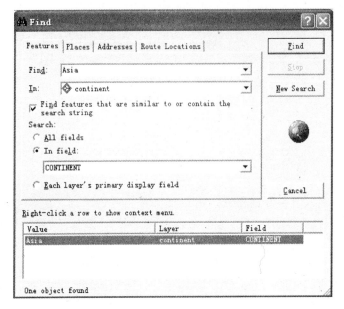

图 3.49 "Find"对话框

习 题 三

1. 在 GIS 中,属性数据和空间数据有什么关系? 在数字化过程中,属性数据如何进行编码? 试对给定的属性数据进行编码。

2. 以给定的图像为资料,数字化录入各空间数据和属性数据,并列出属性数据编码表。

3. 利用所学方法分别选取各县道路数据,并将对多种方法查找结果进行比较。

第4章

空间数据的转换与处理

越来越多的 GIS 用户开始从互联网下载数字地图或从其他渠道获取。一些数字地图用经纬值度量，另一些用不同的坐标系，这些坐标系只适用于各自的 GIS 项目。如果要将这些数字地图放在一起使用，那么使用之前必须先经过处理。原始数据由于在数据结构、数据组织、数据表达等方面与用户自己的信息系统不一致而需要对原始数据进行转换与处理。本章分别介绍 ArcGIS 中数据的投影变换、坐标变换以及数据格式的转换。

4.1 投 影 变 换

4.1.1 地图投影的基本问题

GIS 中的坐标系定义是 GIS 系统的基础，正确定义 GIS 系统的坐标系非常重要。GIS 中的坐标系定义由基准面和地图投影两组参数确定，而基准面的定义则由特定椭球体及其对应的转换参数确定，因此欲正确定义 GIS 系统坐标，必须明确地球椭球体(Ellipsoid)、大地基准面(Datum)及地图投影(Projection)三者的基本概念及它们之间的关系。

1. 基准面

基准面是利用特定椭球体对特定地区地球表面的逼近，因此每个国家或地区均有各自的基准面，我国通常称谓的北京 54 坐标系、西安 80 坐标系实际上指的是我国的两个大地基准面。我国参照前苏联从 1953 年起采用克拉索夫斯基(Krassovsky)椭球体建立了 1954 年北京坐标系，1978 年采用国际大地测量协会推荐的 1975 地球椭球体建立了我国新的大地坐标系——1980 西安坐标系，目前大地测量基本上仍以北京 54 坐标系作为参照，北京 54 与西安 80 坐标之间的转换可查阅国家测绘局公布的对照表。WGS1984 基准面采用 WGS84 椭球体，它是一种地心坐标系，即以地心作为椭球体中心，目前 GPS 测量数据多以 WGS1984 为基准。为满足国民经济建设，社会发展、国防建设和科学研究的需求，自 2008 年 7 月 1 日起，我国全面启动 2000 国家大地坐标系。

椭球体与基准面之间的关系是一对多的关系，也就是基准面是在椭球体基础上建立的，但椭球体不能代表基准面，同样的椭球体能定义不同的基准面，如前苏联的 Pulkovo 1942、非洲索马里的 Afgooye 基准面都采用了 Krassovsky 椭球体，但它们的基准面显然是不同的。

2. 空间数据的坐标系

(1) 地理坐标系

地理坐标系也可称为真实世界的坐标系，是用于确定地物在地球上的位置的坐标系。

地理坐标是一个球面坐标,用经纬度来表示。

　　地面上任意一点的位置,通常用经度和纬度决定。经线和纬线是地球表面上两组正交(相交为 90°)的曲线,这两组正交的曲线构成的坐标,称为地理坐标系。地表面某两点经度值之差称为经差,某两点纬度值之差称为纬差。例如,武汉市在地球上的位置可由北纬 30°34′和东经 114°16′来确定。

　　(2) 平面坐标系

　　地理坐标是一种球面坐标。由于地球表面是不可展开的曲面,也就是说曲面上的各点不能直接表示在平面上,因此必须运用地图投影的方法建立地球表面和平面上点的函数关系,使地球表面上任一点由地理坐标(φ、λ)确定的点,在平面上必有一个与它相对应的点,平面上任一点的位置可以用极坐标或直角坐标表示。图 4.1 表示现实世界和坐标空间的联系。

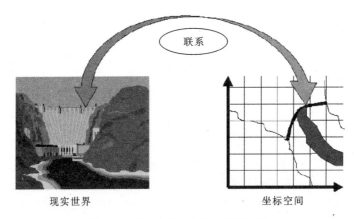

图 4.1　现实世界和坐标空间的联系

　　3. 地图投影的概念

　　在数学中,投影(project)的含义是指建立两个点集之间一一对应的映射关系。同样在地图学中,地图投影就是指建立地球表面上的点与投影平面上点之间的一一对应关系。地图投影的基本问题就是利用一定的数学法则把地球表面上的经纬线网表示到平面上。在各类地理信息系统的建立过程中,选择适当的地图投影系统是首要考虑的问题。

　　4. 地图投影的分类

　　(1) 按变形性质分类

　　① 等角投影。定义为任何点上二微分线段组成的角度投影前后保持不变,亦即投影前后对应的微分面积保持图形相似,故可称为正形投影。投影面上某点的任意两方向线夹角与椭球面上相应两线段夹角相等,即角度变形为零。等角投影在一点上任意方向的长度比都相等,但在不同地点长度比是不同的,即不同地点上的变形椭圆大小不同。

　　② 等积投影。定义为某一微分面积投影前后保持相等,亦即其面积比为 1,即在投影平面上任意一块面积与椭球面上相应的面积相等,即面积变形等于零。

　　③ 等距投影。在任意投影上,长度、面积和角度都有变形,它既不等角又不等积。但是在任意投影中,有一种比较常见的等距投影,定义为沿某一特定方向的距离,投影前后保持不变,即沿着该特定方向长度比为 1。在这种投影图上并不是不存在长度变形,它只

是在特定方向上没有长度变形。等距投影的面积变形小于等角投影,角度变形小于等积投影。任意投影多用于要求面积变形不大、角度变形也不大的地图,如一般参考用图和教学地图。经过投影后地图上所产生的长度变形、面积变形和角度变形,是相互联系相互影响的。它们之间的关系是:在等积投影上不能保持等角特性,在等角投影上不能保持等积特性;在任意投影上不能保持等角和等积的特性;等积投影的形状变形比较大,等角投影的面积变形比较大。

（2）按构成方法分类

常见的是几何投影,这种投影方法源于透视几何学原理,并以几何特征为依据,将地球椭球面上的经纬网投影到平面上或投影到可以展成平面的圆柱表面和圆锥表面等几何面上,从而构成方位投影、圆柱投影和圆锥投影,如图4.2所示。

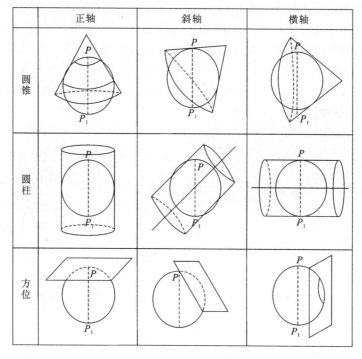

	正轴	斜轴	横轴
圆锥			
圆柱			
方位			

图4.2　各种几何投影

① 圆锥投影。以圆锥面作为投影面,使圆锥面与球面相切或相割,再将球面上的经纬线投影到圆锥面上,然后将圆锥面展为平面而成。

② 圆柱投影。以圆柱面作为投影面,使圆柱面与球面相切或相割,再将球面上的经纬线投影到圆柱面上,然后将圆柱面展为平面而成。

③ 方位投影。以平面作为投影面,使平面与球面相切或相割,再将球面上的经纬线投影到平面上而成。

5. 我国GIS中常见的地图投影

我国的基本比例尺地形图(1:5千,1:1万,1:2.5万,1:5万,1:10万,1:25万,1:50万,1:100万)中,大于等于50万的均采用高斯-克吕格投影(Gauss-Kruger),又叫横轴墨卡托投影(Transverse Mercator);小于50万的地形图采用正轴等角割圆锥投影,又叫兰勃特投影(Lambert Conformal Conic);海上小于50万的地形图多用正轴等角圆柱投影,又叫墨卡托投影(Mercator),我国的GIS系统中应该采用与我国基本比例尺地形图系列一致的地图投影系统。

(1)高斯-克吕格投影

高斯-克吕格投影的中央经线和赤道为互相垂直的直线,其他经线均为凹向并对称于中央经线的曲线,其他纬线均为以赤道为对称轴的向两极弯曲的曲线,经纬线成直角相交。在这个投影上,角度没有变形。中央经线长度比等于1,没有长度变形,其余经线长度比均大于1,长度变形为正,距中央经线愈远变形愈大,最大变形在边缘经线与赤道的交点上;面积变形也是距中央经线愈远,变形愈大。为了保证地图的精度,采用分带投影方法,即将投影范围的东西界加以限制,使其变形不超过一定的限度,这样把许多带结合起来,可成为整个区域的投影(图4.3)。高斯-克吕格投影的变形特征是:在同一条经线上,长度变形随纬度的降低而增大,在赤道处为最大;在同一条纬线上,长度变形随经差的增加而增大,且增大速度较快。在6度带范围内,长度最大变形不超过0.14%。

我国规定1:1万、1:2.5万、1:5万、1:10万、1:25万、1:50万比例尺地形图,均采用高斯克吕格投影。1:2.5万至1:50万比例尺地形图采用经差6度分带,1:1万比例尺地形图采用经差3度分带。

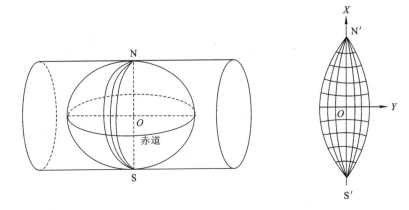

图4.3　高斯-克吕格投影示意图

6度带是从0度子午线起,自西向东每隔经差6度为一投影带,全球分为60带,各带的带号用自然序数1,2,3,…,60表示。即以东经0~6度为第1带,其中央经线为3E,东经6~12度为第2带,其中央经线为9E,其余类推(图4.4)。3度带,是从东经1°30′的经线开始,每隔3度为一带,全球划分为120个投影带。图4.4表示出6度带与3度带的中央经线与带号的关系。

在高斯-克吕格投影上,规定以中央经线为X轴,赤道为Y轴,两轴的交点为坐标原点。X坐标值在赤道以北为正,以南为负;Y坐标值在中央经线以东为正,以西为负。我国在北半球,X坐标皆为正值。Y坐标在中央经线以西为负值,运用起来很不方便。为了避免Y坐标出现负值,将各带的坐标纵轴西移500千米,即将所有Y值都加500千米。

由于采用了分带方法,各带的投影完全相同,某一坐标值(x,y),在每一投影带中均有一个,在全球则有60个同样的坐标值,不能确切表示该点的位置。因此,在Y值前,需

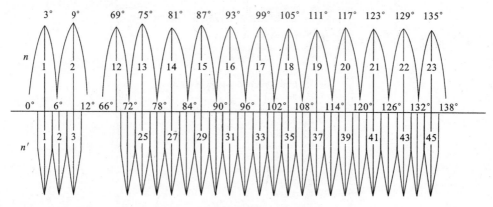

图 4.4　高斯-克吕格投影的分带

冠以带号,这样的坐标称为通用坐标。

高斯-克吕格投影各带是按相同经差划分的,只要计算出一带各点的坐标,其余各带都是适用的。这个投影的坐标值由国家测绘部门根据地形图比例尺系列,事先计算制成坐标表,供作业单位使用。

(2) 兰勃特投影

我国 1:100 万地形图采用了 Lambert 投影,其分幅原则与国际地理学会规定的全球统一使用的国际百万分之一地图投影保持一致。我国大部分省区图以及大多数这一比例尺的地图也采用 Lambert 投影和属于同一投影系统的 Albers 投影。

在 Lambert 投影中,地球表面上两点间的最短距离表现为近于直线,这有利于 GIS中的空间分析和信息量度的正确实施。

6. 投影变换

当系统使用的数据取自不同地图投影的图幅时,需要将一种投影的数字化数据转换为所需要投影的坐标数据。投影转换的方法可以采用以下几种。

(1) 正解变换

通过建立一种投影变换为另一种投影的严密或近似的解析关系式,直接由一种投影的数字化坐标 x、y 变换到另一种投影的直角坐标 X、Y。

(2) 反解变换

即由一种投影的坐标反解出地理坐标(x、y→B、L),然后再将地理坐标代入另一种投影的坐标公式中(B、L→X、Y),从而实现由一种投影的坐标到另一种投影坐标的变换(x、y→X、Y)。

(3) 数值变换

根据两种投影在变换区内的若干同名数字化点,采用插值法或有限差分法,最小二乘法或有限元法、待定系数法等,从而实现由一种投影的坐标到另一种投影坐标的变换。

在 ArcGIS 中,通过 ArcToolbox 数据管理工具中"Projections and Transformations"(投影及变换)工具定义及进行投影变换(图 4.5),可以实现地理坐标系与投影坐标系的变换、地理坐标系之间的转换。

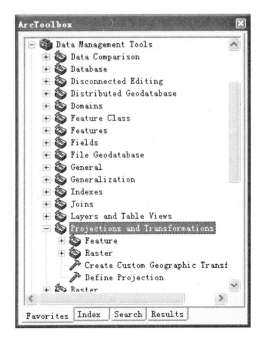

图 4.5　投影变换工具

4.1.2　定义地图投影和坐标系统

地图投影（Define Projection），指按照地图信息源原有的投影方式，为数据添加投影信息。在 ArcGIS 中具体操作如下。

① 在 ArcMap 中打开 ArcToolbox，选择"Data Management Tools"下的"Projections and Transformations"（图 4.5），双击"Define Projection"工具，打开如图 4.6 所示的对话框。

图 4.6　"Define Projection"对话框

② 在"Input Dataset or Feature Class"文本框中选择输入需要定义投影的数据；"Coordinate System"文本框显示为"Unknown"，表明原始数据没有坐标系统。

③ 单击"Coordinate System"文本框旁边的 图标，打开如图 4.7 所示的属性对话框，设置投影参数。

在 ArcGIS 中，定义投影和坐标系统主要包括以下三种方法：

• 单击图 4.7 中的"Select..."按钮，打开"Browse for Coordinate System"对话框（图 4.8），为数据选择坐标系统。其中坐标系统包括地理坐标系统（Geographic Coordinate Systems）和投影坐标系统（Projected Coordinate Systems）两种类型。地理坐标系统是

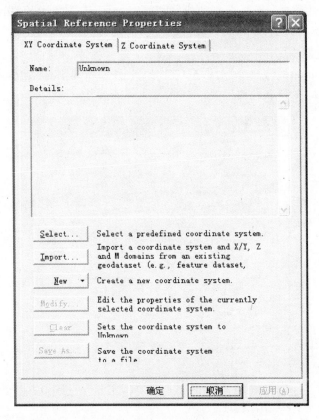

图 4.7　"Spatial Reference Properties"对话框

利用地球表面的经纬度表示;投影坐标系统是将三维地球表面上的经纬度经过数学转换为二维平面上的坐标系统,需要根据数据的来源选择合适的坐标系统。

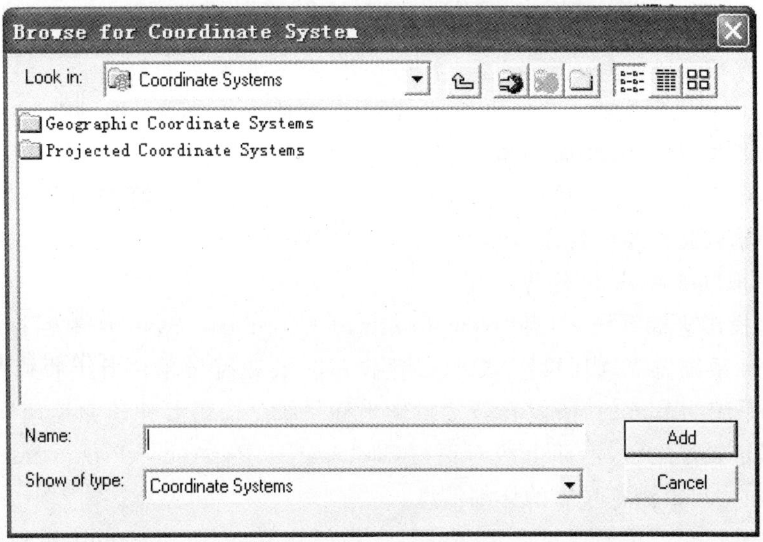

图 4.8　"Browse for Coordinate System"对话框

• 当已知原始数据与某一数据的投影相同时,单击图 4.7 中的"Import..."按钮,浏览确定使用其坐标系统的数据,用该数据的投影信息来定义原始数据。

• 当需要新定义一个坐标系统时,单击图 4.7 中的"New"按钮,打开"New Geographic Coordinate System"对话框(图 4.9),可以新建坐标系统,定义坐标系统,包括定义参考椭球体、单位和起算经线。

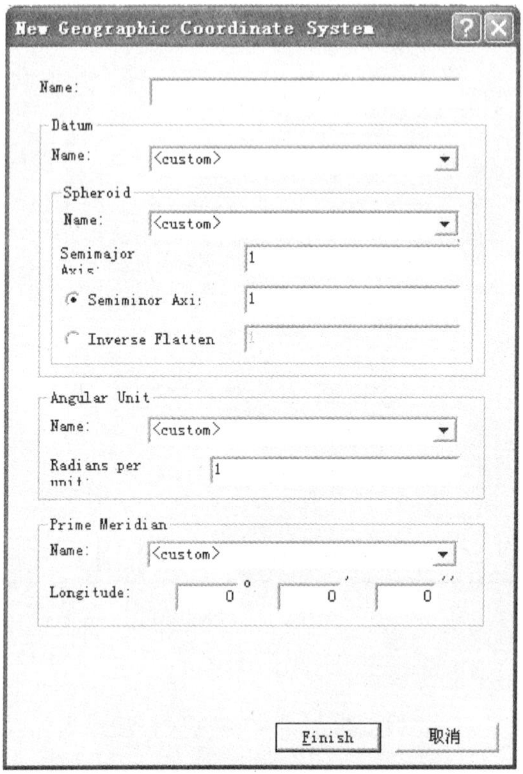

图 4.9 "New Geographic Coordinate System"对话框

在"Name"文本框中输入坐标系统的名称;在"Datum"选项组中的"Name"下拉列表框中选择椭球体、大地水准面类型,或直接在"Spheroid"选项中定义自己的椭球体;在"Angular Unit"选项组中单击"Name"下拉列表选择合适的测量单位,在"Prime Meridian"中输入起算经线名称和经度,或者直接单击"Name"下拉列表选择合适的起始经线,一般选取"Greenwich"经线。

④ 新建投影坐标系统,打开"New Projected Coordinate System"对话框(图 4.10),定义投影坐标系统需要选择投影类型、设置投影参数和测量单位等。投影坐标系统是以地理坐标系统为基础的,所以在新建投影坐标系统之前需要先建立地理坐标系统。

⑤ 投影定义好之后,返回上级对话框,即"Spatial Reference Properties"对话框,在"Details"窗口中可以浏览投影的详细信息。

⑥ 单击"Modify"按钮可对已定义的投影进行修改,单击"Clear"按钮则清除上一步定义的投影,重新定义投影。

⑦ 单击"OK"按钮,实现以上操作。

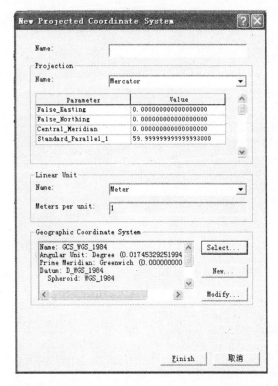

图 4.10 "New Projected Coordinate System"对话框

4.1.3 地图投影变换

投影变换（Project）是将一种地图投影转换为另一种地图投影，主要包括投影类型、投影参数或椭球体等的改变。在 ArcToolbox 中选择"Data Management Tools"→"Projections and Transformations"，工具集中分为栅格和要素类两种类型的投影变换，在对栅格数据进行投影变换时，需要进行重采样。

1. 栅格数据的投影变换

在 ArcGIS 中具体操作步骤如下：

① 选择"ArcToolbox"→"Data Management Tools"工具箱，打开"Projections and Transformations"中的"Raster"工具集，双击"Project Raster"，打开如图 4.11 所示的对话框。

② 在"Input Raster"文本框中选择需要进行投影变换的栅格数据。

③ 在"Output Raster Dataset"文本框输入转换投影后的栅格数据的存储路径和名称。

④ 单击"Output Coordinate System"文本框旁边的 图标，打开"Spatial Reference Properties"对话框（图 4.7），设置输出数据的新投影。

⑤ 变换栅格数据的投影类型，就要对数据进行重采样。"Resampling Technique"是可选项，用来选择栅格数据在新的投影类型下的重采样方式，默认状态是"NEAREST"（最临近采样法）。

⑥ "Output Cell Size"决定输出数据的三个大小，默认状态时与原始数据栅格大小相同，也可以直接设定栅格大小。

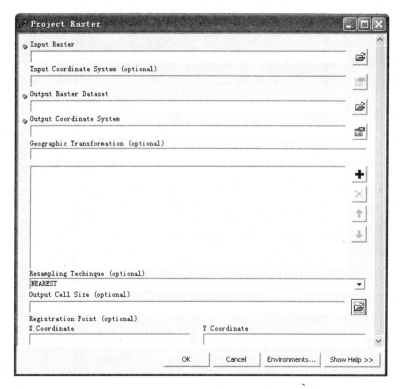

图 4.11 "Project Raster"对话框

⑦ 单击"OK"按钮,实现以上操作。

2. 矢量数据的投影变换

① 打开"Data Management Tools"工具箱,选择"Projections and Transformations"中的"Feature"工具集,双击"Project",打开如图 4.12 所示的对话框。

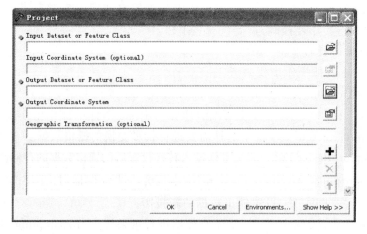

图 4.12 "Project"对话框

② 在"Input Dataset or Feature Class"文本框中选择需要进行投影变换的 coverage 数据。

③ 在"Output Dataset or Feature Class"文本框输入转换投影后的矢量数据文件的存储路径和名称。

④ 单击"Output Coordinate System"文本框右侧的  按钮,打开"Spatial Reference Properties"对话框,设置数据的新投影。

⑤ 单击"OK"按钮,实现以上操作。

4.2 坐标变换

不同来源、不同坐标系的空间数据在一起使用与相互参照时,就要进行坐标变换。如果涉及不同投影,就要进行投影变换。ArcGIS有空间校正(Spatial Adjustment)功能,即坐标系不变,校正要素坐标的功能。在ArcGIS中具体操作步骤如下:

4.2.1 选择校正对象

在ArcMap添加需要进行坐标变换的数据,单击菜单栏上的"View"→"Toolbars"→"Spatial Adjustment"命令,或者在菜单区域单击右键,添加校正工具条(图4.13)。单击"Editor"工具条上的"Editor"按钮,选择"Start Editing",进入可编辑状态。在"Spatial Adjustment"工具条中单击"Spatial Adjustment",在下拉菜单中选择"Set Adjust Data",弹出对象选择对话框(图4.14),选择需要校正的对象,即选择"All features in these layers"(图层中所有要素都需要校正)。

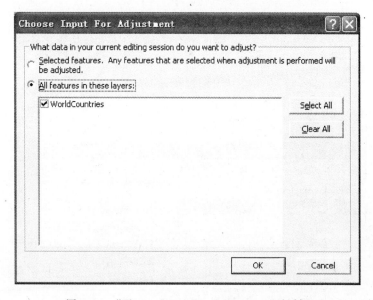

图4.13 "Spatial Adjustment"工具条

图4.14 "Choose Input For Adjustment"对话框

4.2.2　设置位移连接

单击"Spatial Adjustment"工具条中的"New Displacement Link"(选择移位连接)工具,如图 4.15 所示。在需要校正的图层中,选择特征点位置,在已知图层中找到该位置对应的点,单击确定,这样就出现相应的移位连接线(Displacement Link)。在设置移位连接时,尽可能使用捕捉模式。

图 4.15　选择移位连接工具

4.2.3　坐标转换的方式

在 ArcGIS 中,可以有多种方式进行坐标转换,主要包括仿射变换(Affine)、投影变换(Projective)和相似变换(Similarity)。其中,仿射变换是缺省的坐标变换方式,该方法至少需要三个匹配的 TIC 点,根据三对 TIC 点的坐标确定参数 A-F 的值,然后用该公式对需要转换的要素层中所有地物特征进行变换,其变换公式为

$$X=Ax+By+C,$$
$$Y=Dx+Ey+F;$$

投影变换,需要至少四个匹配的 TIC 点,其变换公式为

$$X=(Ax+By+C)/(Gx+Hy+1),$$
$$Y=(Dx+Ey+F)/(Gx+Hy+1);$$

相似变换,需要至少两个匹配的 TIC 点,其变换公式为

$$X=Ax+By+C,$$
$$Y=-Bx+Ay+F.$$

基本操作如下:在"Spatial Adjustment"工具条中选择"Spatial Adjustment"→"Adjustment Methods"→"Transformation-Affine"(放射变换的校正方式)命令,如图 4.16所示。选择"Spatial Adjustment"下的"Preview Window",可以预览校正后的效果。单击"Editor"工具条上的"Editor"按钮,选择"Save Edits"、"Stop Editing"完成以上操作。

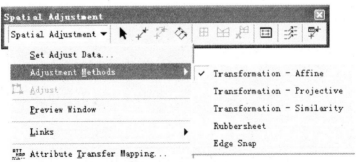

图 4.16　选择校正方式

4.3 数据转换

ArcGIS 中的空间数据主要有两种类型:一种是基于文件的空间数据;另一种是基于数据库的空间数据。空间数据的来源有很多,如地图、工程图、规划图、照片、航空与遥感影像等,因此空间数据也有多种格式。根据应用需要,需要对数据格式进行转换。转换是数据结构之间的转换,而数据结构之间的转化又包括同一数据结构不同组织形式间的转换和不同数据结构间的转换。不同数据结构间的转换主要包括矢量到栅格数据的转换和栅格到矢量数据的转换。如图 4.17 所示,利用数据格式转换工具,可以转换 Raster、CAD、Coverage、Shapefile 和 Geodatabase 等多种 GIS 数据格式。

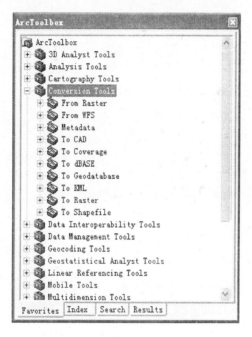

图 4.17　数据格式转换工具

4.3.1　数据结构转换

空间数据的结构主要指空间数据结构中矢量数据和栅格数据之间的相互转换。栅格数据结构是最简单、最直观的空间数据结构,是指将地球表面划分为大小均匀、紧密相邻的网格阵列,每个网格作为一个像元或像素,由行、列号定义,并包含一个代码,表示该像素的属性类型或量值或仅仅包含指向其属性记录的指针;矢量数据结构通过记录坐标的方式尽可能精确地表示点、线、多边形等地理实体。在地理信息系统中栅格数据与矢量数据各具特点与适用性,为了在一个系统中可以兼容这两种数据,以便有利于进一步的分析处理,常常需要实现两种结构的转换。

1. 矢量数据向栅格数据的转换

矢量数据向栅格数据转换就是要实现将坐标点表示的点、线、面转换成由栅格单元表示的点、线、面。在 ArcGIS 中具体操作步骤如下:

选择"Conversion Tools"工具箱,打开"To Raster"工具集(图4.17),双击"Feature to Raster",打开如图4.18所示的对话框;在"Input features"文本框中选择输入需要转换的矢量数据;在"Field"窗口选择数据转换时所依据的属性值;在"Output raster"文本框输入转换后栅格数据的存储路径和名称;在"Output cell size"文本框输入要转换的栅格大小或者浏览选择某一栅格数据,输出的栅格大小将与之相同;单击"OK"按钮,执行转换操作,如图4.19所示。

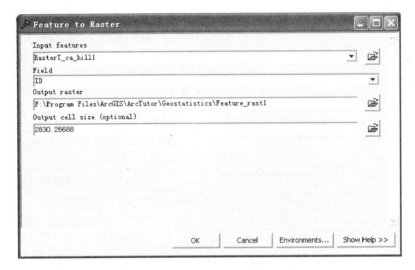

图4.18 "Feature to Raster"对话框

（a）矢量图层

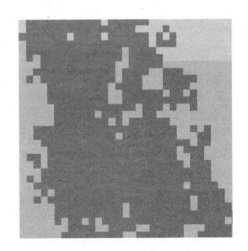

（b）栅格图层

图4.19 矢量数据向栅格数据转换的图解表达

2. 栅格数据向矢量数据的转换

将栅格数据转换为几何图形数据的过程称为矢量化。在ArcGIS中,栅格数据转换成矢量图形数据比矢量图形数据转换成栅格数据要复杂得多。栅格向矢量转换处理的目的是为了将栅格数据分析的结果,通过矢量绘图装置输出,或者为了数据压缩的需要,将大量的面状栅格数据转换为由少量数据表示的多边形边界,但是主要目的是为了能将自动扫描仪获取的栅格数据加入矢量形式的数据库。

在 ArcGIS 中具体操作步骤:选择"Conversion Tools"工具箱,打开"From Raster"工具集(图 4.17),双击"Raster to Polygon",打开如图 4.20 所示的对话框;在"Input raster"文本框中选择输入需要转换的栅格数据;在"Output Polygon Features"文本框输入转换后的面状矢量数据的路径与名称;选择"Simplify Polygons"复选框(默认状态是选择),可以简化面状矢量数据的边界形状;单击"OK"按钮,执行转换操作如图 4.21 所示。

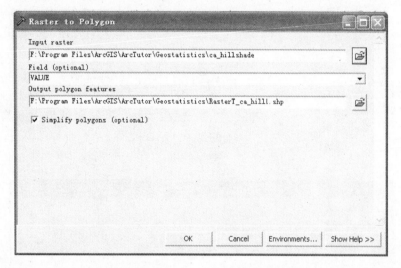

图 4.20 "Raster to Polygon"对话框

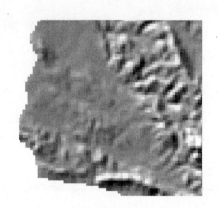

(a) 栅格图层

(b) 矢量图层

图 4.21 栅格数据向矢量数据转换的图解表达

4.3.2 空间数据格式的转换

1. CAD 数据的转换

ArcGIS 中的要素类,Shapefile 数据可以转换成 CAD 数据,CAD 数据也可以转换成要素类和地理数据库。

(1) 输出 CAD 格式

主要指将一已知的要素类或者要素层转换成 CAD 数据。

选择"Conversion Tools"工具箱,打开"To CAD"工具集(图4.22),双击"Export to CAD",打开如图4.23所示的对话框;在"Input Features"文本框中选择输入需要转换的要素,可以选择多个数据层,在其下面的窗口中罗列出所选择的要素,通过窗口旁边的上下箭头,可以对选择的多个要素的顺序进行排列;在"Output Type"窗口中选择输出

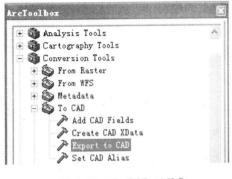

图4.22 To CAD工具集

CAD文件的版本,如"DWG_R2000";在"Output File"文本框中键入输出的CAD图形的路径与名称;"Ignore Paths in Tables"为可选按钮,在选择状态下,将输出单一格式的CAD文件;Append to Existing Files为可选按钮(默认状态是不选择),选择状态下可将输出的数据添加到已有的CAD文件中;如果上一步为选择状态,则在"Seed File"对话框中浏览确定所需的已有CAD文件;单击"OK"按钮,执行转换操作。

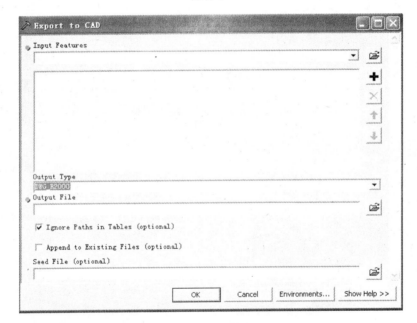

图4.23 "Export to CAD"对话框

(2) CAD的输入转换

将已知的CAD文件格式转换为ArcGIS中的文件格式。

选择"Conversion Tools"工具箱,打开"To Geodatabase",双击"Import from CAD",打开如图4.24所示的对话框;在"Input Files"文本框中选择输入需要转换的CAD文件,可以选择多个数据层,通过窗口旁边的上下箭头,可以对选择的多个矢量数据的顺序进行排列;在"Output Staging Geodatabase"文本框中键入输出的地理数据库的路径与名称;"Spatial Reference"是可选项,用于设置输出地理数据库的空间属性及其对话框界面;单击"OK"按钮,执行转换操作。

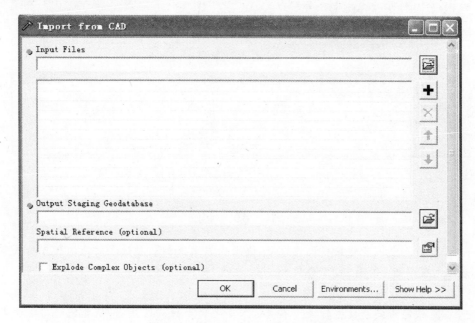

图 4.24 "Import from CAD"对话框

2. 栅格数据与 ASCII 文件之间的转换

(1) 栅格数据向 ASCII 文件的转换

选择"Conversion Tools"工具箱,打开"From Raster"工具集,双击"Raster to ASCII",打开如图 4.25 所示的对话框;在"Input raster"文本框中选择输入需要转换的栅格数据;在"Output ASCII raster file"文本框中键入输出的 ASCII 文件的存储路径与名称;单击"OK"按钮,执行转换操作。

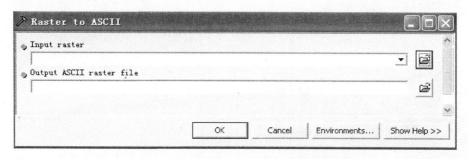

图 4.25 "Raster to ASCII"对话框

(2) ASCII 文件向栅格数据的转换

与栅格数据向 ASCII 文件的转换方法相似,但可以选择输出数据的类型,如选择整型(INTEGER),如图 4.26 所示。

在 ArcGIS 中,可以进行多种文件格式的转换,其转换方法大致相同,只要选择相关的工具,输入转换数据即可进行数据格式的转换,在此就不一一陈述了。

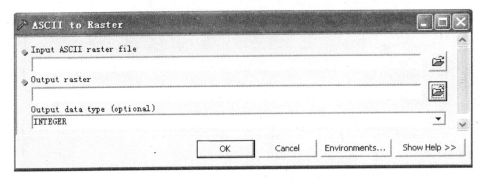

图 4.26 "ASCII to Raster"对话框

习 题 四

1. 对习题三中第 2 题数字化的数据,使用投影变换和空间校正变换两种方法实现图面坐标到地理坐标、高斯-克吕格坐标系的转换,并就转换的结果进行分析比较,有何不同?

2. 将所给定的矢量数据转换为不同输入单元大小的栅格数据,试比较栅格数据与矢量数据的不同?

3. 试将所给数据转换分别转换为 Coverage 文件、SHAPE 文件、存储于 Geodatabase 数据库中,试比较几种数据格式存储文件有什么异同?

第5章

空间数据的可视化表达

5.1 可视化的含义

地理空间信息要被计算机所接受处理就必须转换为数字信息存入计算机中。这些数字信息对于计算机来说是可识别的,但对于人的肉眼来说是不可识别的,必须将这些数字信息转换为人可识别的地图图形才具有实用的价值。这一转换过程即为地理信息的可视化过程,其内容表现在如下三个方面。

① 地图数据的可视化表示。它是地图数据的屏幕显示,可以根据数字地图数据分类、分级特点,选择相应的视觉变量(如形状、尺寸、颜色等),制作全要素或分要素表示的可阅读的地图,如屏幕地图、纸质地图或印刷胶片等。

② 地理信息的可视化表示。这是利用各种数学模型,把各类统计数据、实验数据、观察数据、地理调查资料等进行分级处理,然后选择适当的视觉变量以专题地图的形式表示出来,如分级统计图、分区统计图、直方图等。这种类型的可视化正体现了科学计算可视化的初始含义。

③ 空间分析结果的可视化表示。地理信息系统的一个很重要的功能就是空间分析,包括网络分析、缓冲区分析、叠加分析等,分析的结果往往以专题地图的形式来描述。

可视化是将符号或数据转化为直观的图形、图像的技术,它的过程是一种转换,它的目的是将原始数据转化为可显示的图形、图像,为人们视觉感知。本章介绍的空间数据可视化表达主要包括地图数据和地理信息的可视化表示。

5.2 符号的制作

地图是由符号构筑的"大厦",而符号是地图的基本元素。地图中的符号是地图语言中最重要的部分,要表达成千上万的物体和现象,就必须设计和制作相应的图像符号。地图使用符号表现复杂的自然或社会现象,它与"见物绘物"的风景画和对客观实体的机械缩影的航片、卫片截然不同。地图上使用分门别类的地图符号对复杂的事物进行抽象概括,使实地很小的物体仍得以清晰的表示。地面上受遮盖的物体(隧道、涵洞等)和许多自然及社会现象,如工农业产值、行政界线、人口数、太阳辐射等无形的现象,仍能通过地图符号或注记表达出来。因此地图上浓缩存储了大量有关地点、状况、相互关系、自然和经济的动态现象,详细记录了对象的空间分布、组合、联系及随时间的变化,凝聚了极丰富的空间信息,从而使地图成为人们认识和研究客观世界的重要工具。

近年来由于专题地图的迅速发展,地图应用的不断扩大,地图符号的设计制作成了一个重要而繁重的任务。它不仅关系到地图表示的质量,而且也影响地图的成图速度和自动化制图的发展。由此可见,地图符号的设计和制作在地图的制作中占据着十分重要的位置。

ArcMap 中用来制作和管理符号的模块为"Styles",它提供了一套完整的工具以帮助使用者创建一幅地图,每种 Style 包括了一系列符号及地图元素,提供符号的特性、标记的确定、颜色的选择、图例、线形比例尺特征以及其他信息等,可以帮助用户维护符号的形状、大小、颜色等。用户可以剪切、复制、粘贴、重命名任何样式,还可以删除一些 ArcMap 提供的,而又不需要的符号和地图元素。

地图符号按其几何性质不同分为点状符号、线状符号、面状符号三类,这也符合图形设计软件中数据组织的技术特征,因此本节主要针对这三类符号的制作进行详细描述。在制作符号之前,首先需要创建一个样式库,即符号库。

具体的做法如下:启动 ArcMap,单击"Tools"→"Styles"→"Style Manager"选项,弹出"Style Manager"对话框,如图 5.1 所示,单击"Styles"的下拉按钮,在弹出的列表菜单中选择"Create New"选项,最后在弹出的"Save"对话框中选择符号库要保存的路径,输入符号库文件名即可。创建成功后可在"Style Manager"对话框左边的树状列表中看到新建的符号库路径及名称(图 5.1)。

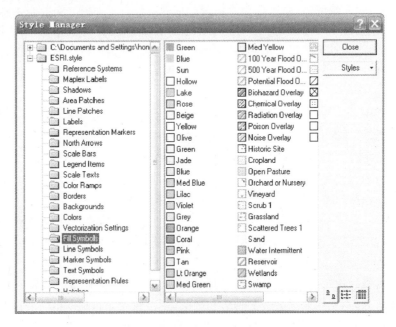

图 5.1 "Style Manager"对话框

5.2.1 点状符号的制作

点状符号常用来表示在当前的比例尺和表示方式下,呈点状分布的地理实体和现象,不论符号大小,实际上以点的概念定位,而符号的面积不具有实地的面积意义。此时,符号的大小与地图比例尺无关且具有定位特征。点状符号在图中的位置由一个点来确定，即符号的定位点，通常为符号的几何中心点或符号底部的中心点，如控制点、居民点、及其他独立地物点等符号。

在 ArcMap 中点符号均存储于符号库下属的"Marker Symbols"文件夹中。ArcMap 的符号样式管理（style manage）中提供了四种类型点状符号的制作方法，它们分别是 Arrow Marker Symbol，Character Marker Symbol，Picture Marker Symbol 和 Simple Marker Symbol。本文就工作中常用的 Character Marker Symbol 进行讲解，其他符号制作大同小异。

① 启动 ArcMap，如果未创建符号库，就需要创建符号库；如果已经创建符号库，只需添加已创建好的符号库。

② 单击符号库名，打开"Marker Symbols"符号文件夹，在右侧窗口的空白处单击右键，在弹出的菜单中，选择"New"→"Marker Symbol"，弹出"Symbol Property Editor"（符号属性编辑）对话框（图 5.2）。

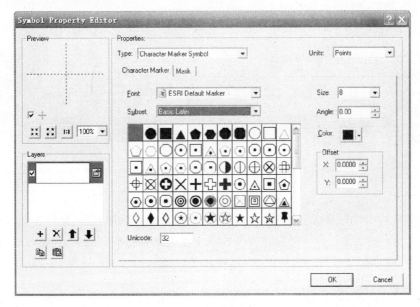

图 5.2　设置符号属性

③ 在"Properties"栏的"Type"项中选择"Character Marker Symbol"，根据所要制作符号的具体参数对各属性项进行修改。

• Units：选择符号的衡量标准。这里有 Points（像素），Inches（英寸），Centimeters（厘米）和 Millimeters（毫米）四个选项。一般情况下选择"Centimeters"。

• Color：点状符号的颜色。

• Subset：点状符号的样式，包括基本图形和可扩展图形。

• Font：符号样式所在的 truetype 字体库。ArcMap 提供了多种多样的图式字体库，库里包含了编制各种不同类型地图所需要的大量图例符号和相关要素，可以帮助用户编制符合相应标准或规范的地图。如果系统中的字体库不符合要求，可以通过"控制面板"功能安装新的字体。

• Unicode：符号在字体库中的序号，由系统自动产生。

• Size：符号的尺寸大小。可以手动输入，也可以单击右侧的上下箭头对数值进行更改。

• Angle：符号相对于水平位置的旋转量，即符号的偏转角度。

• Offset：符号相对于原始位置的 X 方向和 Y 方向偏移量，可以是正数，也可以是负数。

• Mask 标签：如果想给符号加上背景效果，如阴影、边框等，可以在该处进行相关设置，包括添加样式的大小、样式的选择等（图 5.3）。

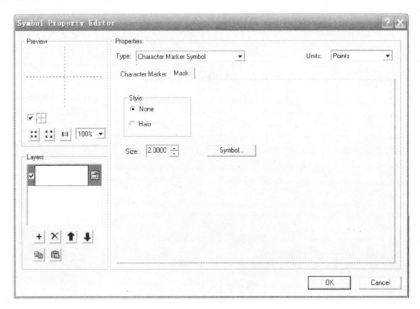

图 5.3　符号遮罩

• Preview：提供符号参数修改过程中的预览效果，用户可根据具体情况放大或缩小。"＋"是一个定位参照标志，可将点状符号的定位点大致定位在其交叉处。

• Layers：当符号由几部分构成时，可在此处进行添加、删除、上移、下移、复制及粘贴操作，以此叠加出符合要求的样式。

④ 各属性项设置完毕单击"OK"按钮，输入符号名称（name）以及分类（category）。

以上四步操作完成后，即可制作符合要求的点符号。但是在实际的应用中，使用的地形图符号比较复杂，并不是简单的几何图形的叠加，有时需要用到 Picture Marker Symbol 这个类型选项来制作符号。具体方法是：首先可以使用任何支持输出 bmp 和 emf 格式的绘图软件来创建图片，也可以扫描需要的图片，用编辑包来清绘，并存储为 bmp 或 emf 文件。然后进入 ArcMap，在"Symbol Property Editor"对话框的"Properties"栏的 Type 项中选择"Picture Marker Symbol"，接着按照上面提到的相关步骤对各属性项进行设置就可以了。

5.2.2　线状符号

线状符号是表示呈线状或带状分布的物体。对于长度依比例线状符号，符号沿着某个方向延伸且长度与地图比例尺发生关系。例如，单线河流、渠道、水涯线、道路、航线等符号。制作线状符号时要特别注意数字化采集的方向,如陡坎符号。

在 ArcMap 中所有的线符号均存放在符号库下属的“Line Symbols”文件夹中。ArcMap 的符号样式管理(style manage)中提供了五种类型线状符号的制作方法,它们分别是 Cartographic Line Symbol,Hash Line Symbol,Marker Line Symbol,Picture Line Symbol 和 Simple Line Symbol。同样,线状符号的制作也针对常用的 Cartographic Line Symbol 展开。

① 启动 ArcMap,如果未创建符号库,就需要创建符号库;如果已经创建符号库,只需添加已创建的符号库。

② 单击符号库名,打开“Line Symbols”文件夹,然后在右边空白处单击鼠标右键,在弹出菜单中单击“New”→“Line Symbol”,弹出如图 5.4 所示的对话框。

③ 在对话框的“Properties”栏的“Type”项中选择“Cartographic Line Symbol”。接下来与点状符号一样对各属性项进行设置,在此不再赘述。

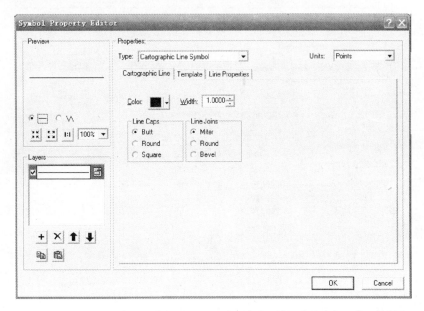

图 5.4　设置线状符号属性

- Width:线状符号的宽度。
- Line caps:线段两段的样式,存在 Butt,Round,Square 三种类型可供选择。
- Line joins:两条线段连接处的样式,用户可以选择 Miter,Round,Bevel。
- Template 标签:为那些需要周期出现的符号层创建一个共用符号层,即产生如图 5.5 所示的效果。其中,Interval 表示对话框中每个小方块所代表的标准尺寸,标尺中的黑色小格代表有图形,白色小格代表间隔,灰色小格代表所到长度为一个周期图案。
- Line properties 标签:其中 Offset 是给定线段相对于原始位置的偏移量,Line Decorations 是线段两端的样式选择,如箭头等(见图 5.6)。

④ 各属性项设置完毕单击“OK”按钮,输入符号名称(name)以及分类(category)。

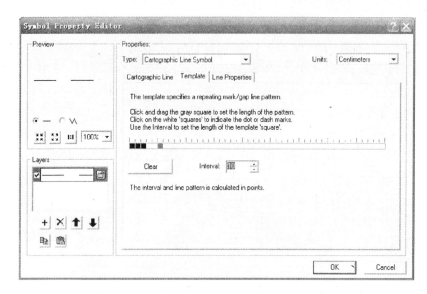

图 5.5　线状符号模板

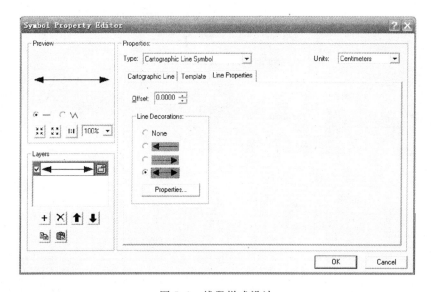

图 5.6　线段样式设计

5.2.3　面状符号

面状符号具有实际的二维特征,它们以面定位,其形状与其所代表对象的实际形状一致。这时,符号所处的范围同地图比例尺发生关系,且不论这种范围是明显的还是隐喻的,是精确的还是模糊的。用这种地图符号表示的有水部范围、林地范围、土地利用分类范围、各种区划范围、动植物和矿藏资源分布范围等。

在 ArcMap 中所有做好的面状符号均存放在样式库下属的"Fill Symbols"文件夹中。ArcMap 的符号样式管理中提供了五种类型面状符号的制作方法,分别是 Gradient Fill Symbol,Line Fill Symbol,Marker Fill Symbol,Picture Fill Symbol 和 Simple Fill Symbol。下面以 Marker Fill Symbol 展开论述。

① 启动 ArcMap,如果未创建符号库,需要创建符号库;如果已经创建符号库,添加已创建的符号库。

② 单击符号库名,选择"Fill Symbols"文件夹,然后在右边空白处单击鼠标右键,在弹出菜单中单击"new"→"Fill Symbol",打开如图 5.7 所示的对话框。

③ 在对话框的"Properties"栏的"Type"项中选择"Marker Fill Symbol"。其他的属性项设置同前面所述类似。

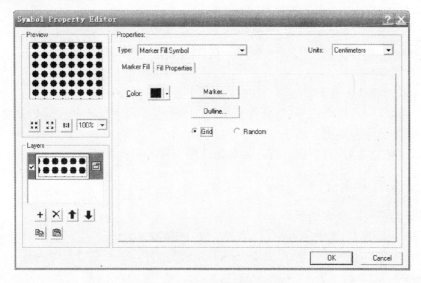

图 5.7　设置面状符号属性

• Marker Fill 标签:Marker 用来选择填充物类型,Outline 用来定义面状要素的外框样式,Grid 和 Random 两项则规定 Marker 填充物是要按一定的顺序排列还是随机排列,若是散列式的面符号就要选择 Random 项。

• Fill Properties 标签:Offset 代表填充物的相对偏移量,Separation 代表两个 Marker 符号间的距离(见图 5.8)。

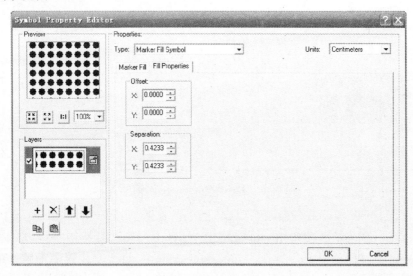

图 5.8　面状符号的填充属性

④ 各属性项设置完毕单击"OK"按钮,输入符号名称(name)以及分类(category)。

5.2.4 其他符号

ArcMap 拥有完整的符号管理系统,除了以上提到的三种符号外,还有图例符号(Legend Items)、标注类型(Labels)、背景主色(Backgrounds)、比例尺(Scale bars)、文本样式(Text Symbols)等,制作者可根据需要选择相应的要素类型,然后按照以上提及的步骤操作,就能够做出成千上万种不同的地图符号。

5.3 矢量数据的符号化

无论点状、线状还是面状要素,都可以根据要素的属性特征采取单一符号、分类符号、分级符号、分组色彩、比率符号、组合符号和统计图形等多种表示方法实现数据的符号化,编制符合需要的各种地图。由于单一符号设置是 ArcMap 系统中加载新数据层所默认的表示方式,设置非常简单,下面介绍几种其他常用的符号设置方法。

5.3.1 分类符号设置

设置分类符号的步骤如下:

① 打开图层数据,选中某一图层,单击右键,选择"Properties",打开"Layer Properties"(图层属性)对话框,如图 5.9 所示,选择"Symbology"选项卡,即分类符号对话框。

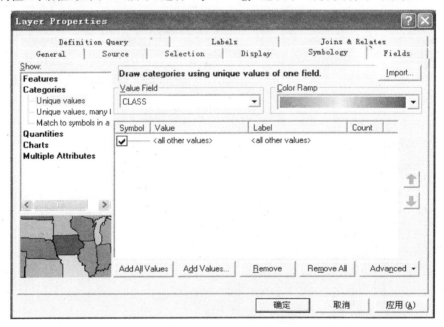

图 5.9 "Layer Properties"对话框

② 在"Show"列表框中选择"Categories"(类别)项,出现三个选项,分别是 Unique values,Unique values,many fields 和 Match to symbols in a style。其中 Unique value 指的是按照一个属性值进行分类;Unique value,many fields 是按照多个属性值的组合分类来确定符号的类型;如果选择 Match to symbols in a style 将会按照事先确定的符

号类型通过自动匹配来表现属性分类。

③ 选择"Unique Value"选项,在"Value Field"中选择"CLASS",即街道的分级。

④ 单击"Add All Value"按钮添加所有字段。单击"Add Value..."按钮,出现如图 5.10 所示的对话框,其中出现了五个等级字段,即加载数据被分为五个类型。

图 5.10 "Add Value"对话框

⑤ 选中所需要的字段,单击"OK"按钮之后,在"Symbols"列表框中会出现所选的字段,字段之前附有它们相应的符号样式。

⑥ 至此已对不同类型的要素进行分类,若需要修改系统默认的符号样式,可以双击"Value"名称前面的"Symbol"符号,打开如图 5.11 所示的对话框,对符号的 Color,Width 等属性进行重新设置。也可以单击"Properties..."按钮改变该符号的一些其他属性,或者通过单击"More Symbols"选择更多的符号。

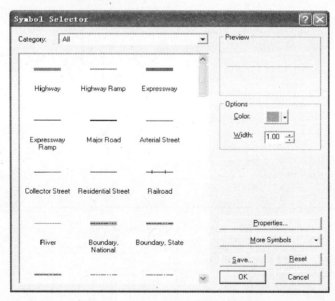

图 5.11 "Symbol Selector"对话框

⑦ 完成设置后返回"Layer Properties"对话框,如图 5.12 所示。给定的道路符号设置效果图如图 5.13 所示。

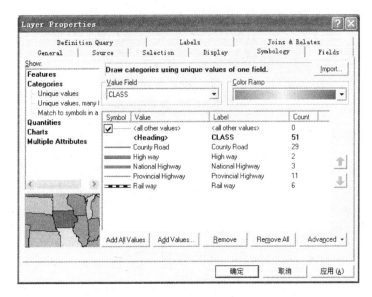

图 5.12 设置后的图层属性界面

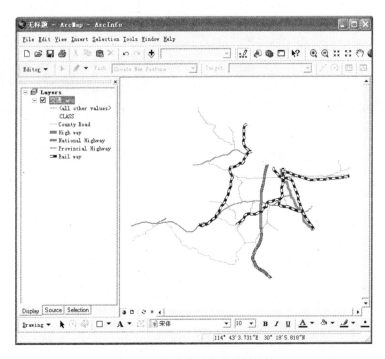

图 5.13 符号化后的交通网络图

5.3.2 分级符号设置

1. 分级色彩设置

① 加载某一地区的行政区划图层,该图层包括本地区的面积和人口数量。

② 打开该图层的"Layer Properties"对话框。

③ 在"Show"列表框单击"Quantities",选中"Graduated colors",在"Fields"栏的

"Value"下拉菜单中选择"POP2002"(本地区 2002 年的总人口数);在"Normalization"下拉菜单中选择"AREA"(本地区的总面积)。其目的是将 POP2002(人口数)除以 AREA(面积),得到当年的各地区的人口密度,如图 5.14 所示。

注:"Layer Properties"对话框中默认要素的分级方案为 Natural Breaks,是在分级数确定的情况下,通过聚类分析将相似性最大的数据分在同一级,差异性最大的数据分在不同级,这种方法可以较好保持数据的统计特性,但分级界限往往是任意数,不符合常规制图需要,常常需要根据实际需要进行修改。

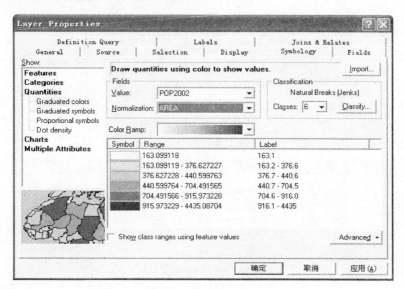

图 5.14　分级色彩设置界面

④ 将"Classification"栏中的"Classes"定位为"6",单击"Classify…"按钮,打开如图 5.15 所示的对话框,其中分级方式主要包括 Defined Interval(定义区间),Equal Interval(相等组距),Geometrical Interval(几何间距),Manual(手动分级),Natural Breaks(Jenks)(自然分类),Quantile(分位数)及 Standard Deviation(标准偏差),分别用于不同的分级方法。选择"Manual"分级方式,将原来的分级界限依次修改为 200,400,600,800,1000,5000。勾选"Show Std. Dev"和"Show Mean"前的复选框,直方图中出现新的分级界限、标准差和平均值。

⑤ 确认新的方案,单击"OK"按钮,返回"Layer Properties"对话框,可以看到新旧分级方案之间的差异。单击 Layer 中的数字,改为简洁直观方式,应用更改。

通过以上步骤,即可得到一张利用分级色彩方法表示的湖北省大冶地区 2002 年人口密度图,如图 5.16 所示。依据色彩差异,人口密度的宏观分布特征显而易见,颜色越深,则密度越高。

注:手工定制一个分级色彩方案,其步骤如下。

① 打开"Layer Properties"对话框,双击"Symbol"中的某一色块,打开"Symbol Selector"对话框,改变其颜色。

② 在该色块上右击,选择"Ramp Color"命令,分级色彩方案将依据所修改的颜色发生变化。在"Color Ramp"文本框中出现了新的分级色彩方案。

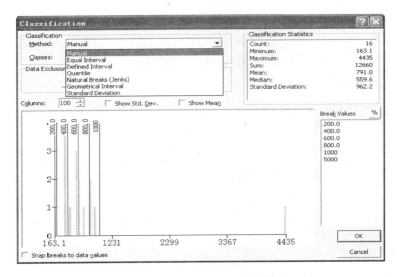

图 5.15 "Classification" 对话框

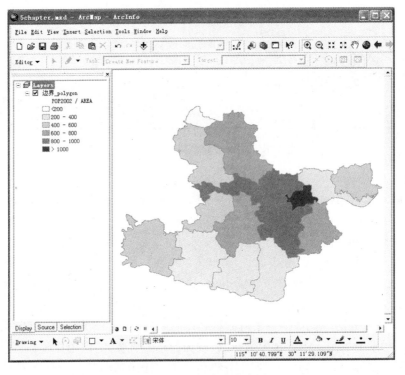

图 5.16 人口密度分布图

③ 如果这样的分级方案令人满意,那么可以在 "Color Ramp" 后的文本框上右击,选择 "Save to Style" 命令,保存为 "Multi-part Color Ramp",单击 "OK" 按钮,形成新的分级色彩方案,如图 5.17 所示。

上述分级色彩方案的设置,完全采用了手动的方式修改分级方案的数字标注。实际应用中,系统提供了标注格式的统一编辑方法:在 "Layer Properties" 对话框中,右击分级色块,然后选择 "Format Labels" 命令,打开 "Number Format" 对话框,如图 5.18 所示,可

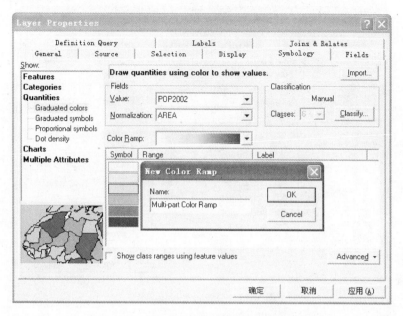

图 5.17 手工定制一个新的分级色彩方案

改变标注的格式。在"Category"文本框中包括 None(无)、Currency(货币)、Numeric(数值)、Percentage(百分数)、Custom(自定义)、Rate(比率)、Fraction(分数)、Scientific(科学计数)、Angle(角度)等标注格式,可以根据需要选择合适的模式。

图 5.18 "Number Format"对话框

2. 分级符号设置

① 打开一个行政区图层。

② 在该图层上双击打开"Layer Properties"对话框,单击"Symbology"选项卡,在"Show"列表框中选择"Quantities"中的"Graduated symbols",如图 5.19 所示。

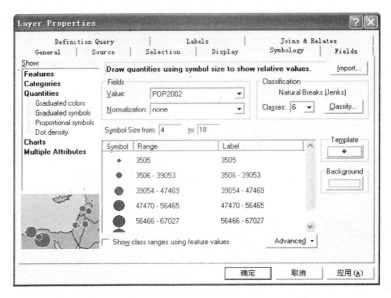

图 5.19　分级符号设置界面

③ 改变"Fields"栏中的字段名称,这里选择"Value"为"POP2002","Normalization"为"none";设置"Classification"栏中的"Classes"为"6"级;在"Symbol Size"文本框中设置符号由小到大的尺寸。

④ 设置分级符号。在"Layer Properties"对话框中,单击"Template"按钮,打开"Symbol Selector"对话框,改变符号的尺寸、颜色或者选择"More Symbols"丰富符号选择范围。

⑤ 在"Symbol Selector"对话框中单击"Properties"按钮,打开"Symbol Property Editor"对话框,如图 5.20 所示。

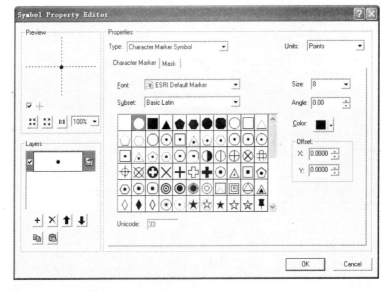

图 5.20　"Symbol Property Editor"对话框

⑥ 在该对话框中,通过"Preview"中的放大缩小按钮或者显示比例的下拉菜单可以改变符号的显示大小;在"Layers"选项组内单击符号轮廓线,再单击"Color"修改颜色;在符号轮廓模板内,选择所需要的符号轮廓,可以根据需要改变符号的"Font"和"Subset"。设置完成,单击"OK"按钮。

⑦ 完成符号设置后,如果想保存此符号,可以在"Symbol Selector"对话框中单击"Save"按钮,输入符号名称和所在的组类名称,单击"OK"按钮即可。

注:在默认状态下,分级符号的大小是一定的,不随地图在屏幕上的缩放而变化,如果想在屏幕缩放的时候分级符号大小发生相应变化,可以单击快捷菜单中"Reference Scale"下的"Set Reference Scale";若想恢复原来的状态,只要单击"Clear Reference Scale"即可。

5.3.3 统计符号设置

在 ArcMap 中,可以根据给定的数据,制作相应的统计符号,下面以同一区域的居民点与行政区划为例讲解详细的制作过程。

① 加载居民地图层及行政区划图层。

② 双击居民点图层,打开"Layer Properties"对话框,单击"Symbology"选项卡,在"Show"列表框中选择"Charts"中的"Pie"。

③ 在"Field Selection"一系列字段中,选择从业人员类型作为要进行符号设置的字段,单击"Symbol"下的色块改变符号的颜色和轮廓线,如图 5.21 所示。

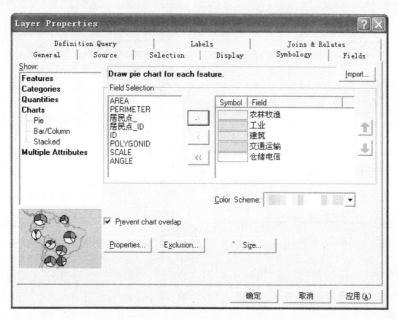

图 5.21 统计符号设置

④ 单击"Properties..."按钮进入"Chart Symbol Editor"对话框,如图 5.22 所示。

⑤ 在"Outline"选项组中选中"Show"复选框,显示符号轮廓线,单击"Color"色块确定符号轮廓线的颜色,在"Width"窗口输入符号轮廓线的粗细;在"Orientation"选项组中

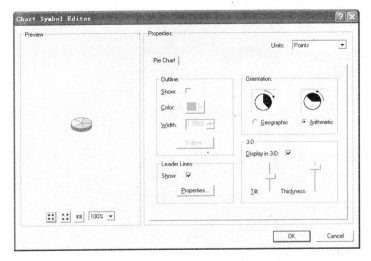

图 5.22 "Chart Symbol Editor"对话框

选择"Arithmetic"确定按照几何坐标绘制统计图,选择"Geographic"则按照地理坐标绘制统计图;在"3-D"选项组中选择"Display in 3-D",确定绘制三维立体统计图,调节"Tilt"和"Thickness"滑动条可以调整符号显示的倾斜角度以及饼的厚度。

⑥ 单击"Properties..."按钮打开"Line Callout"对话框,如图 5.23 所示。

图 5.23 Line Callout 对话框

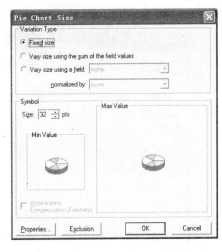

图 5.24 Pie Chart Size 对话框

⑦ 在对话框中设置符号选择线的长度,在"Style"选项组中改变符号选择线的样式,在"Margin"选项组中设置符号输入线的边界位置,单击"确定"按钮,返回"Chart Symbol Editor"对话框;单击"OK"按钮,返回"Layer Properties"对话框,在该对话框中单击"Size..."按钮,打开"Pie Chart Size"对话框(见图 5.24);在"Variation Type"选项组中选择"Fixed Size"单选按钮,绘制固定大小的统计符号,在"Symbol"选项组中调节统计符号的大小。

⑧ 单击"OK"按钮,返回"Layer Properties"对话框,单击"应用"按钮,完成设置。

图 5.25 反映了湖北省大冶地区乡镇不同从业人员的数量比例分布图。

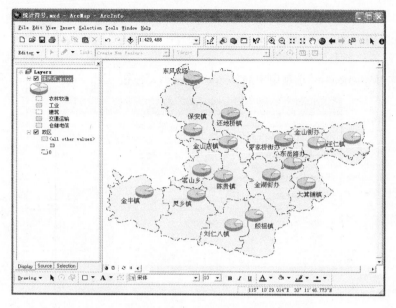

图 5.25　大冶各乡镇从业人员数量比例分布图

5.3.4　组合符号设置

　　上面介绍的所有符号设置方法都只是针对单个要素的一项属性数据或者一项属性的几个组成部分来进行表达,然而在实际应用中,仅仅针对单个要素进行符号设置是不够的。例如,道路数据层中既包含了道路的等级,又包含了道路的运输量等;城镇数据层中,既有城镇的人口数量人口密度,又包含了城镇的行政等级,绿化面积等。在这样的情况下,可以使用组合符号表示方法,如用符号大小表示人口密度,同时用符号颜色表示行政等级。

　　① 打开某一城市的点状居民地图层和行政区划图层。

　　② 打开"Layer Porperties"对话框(图 5.26)。

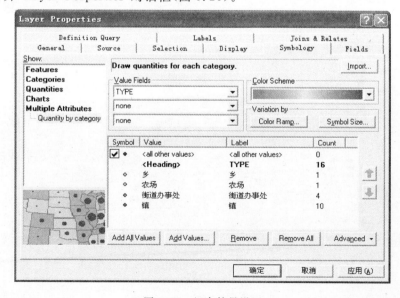

图 5.26　组合符号设置

③ 在"Show"列表框中选择"Multiple Attributes"下的"Quantity by category"，在"Value Field"中选择"TYPE"字段，单击"Add All Values"按钮。此例中一共有四种类型，分别设置各种类型的符号颜色。

④ 单击"Variation by"选项组中的"Symbol Size..."按钮，打开如图 5.27 所示的对话框。

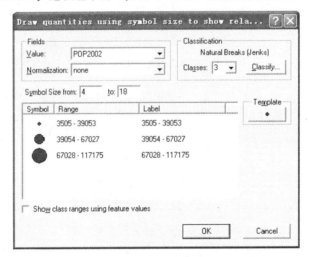

图 5.27　符号尺寸设置

⑤ 在"Value"字段中选择"POP2002"。将这些数值分为三级，在"Classes"中选"3"即可，单击"Classify..."按钮，将"Break Value"中的值按制图要求改成规范值。单击"OK"按钮，返回"Layer Properties"对话框，单击"应用"按钮完成设置。

通过对要素多种属性的符号设置，最终得到一张集城市政区分类和人口数量符号化为一体的地图，如图 5.28 所示。

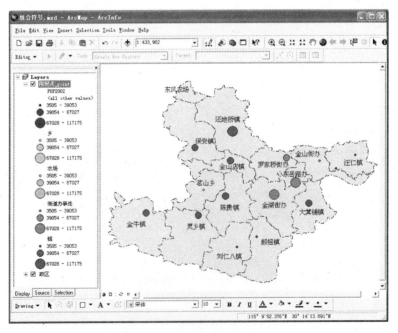

图 5.28　组合符号化后的地图

注：由于该图覆盖的范围较小，镇的数量较多，因此镇的组合符号设置效果较优。

5.4 栅格数据的符号化

5.4.1 分类栅格符号设置

分类栅格符号表示法是表达专题栅格数据的一种常用方法，类似于分类色彩符号法，是利用不同的颜色来表示不同的专题类型，具有操作如下：

① 打开一幅某地的土地利用类型栅格图像。

② 双击栅格图像，打开如图 5.29 所示的对话框。

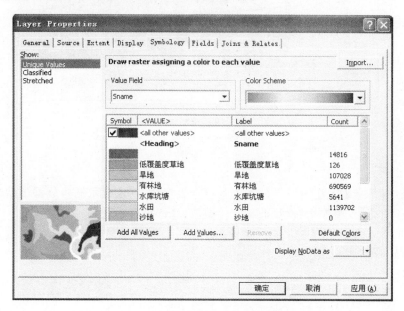

图 5.29　某地的土地利用类型属性界面

③ 在"Symbology"选项卡的"Show"列表框中选择"Unique Value"，在"Value Field"下拉列表框中选择属性字段"Sname"（类别名称），选择"Symbol"栏中的第一个符号，确定了现有图例中未包含的所有其他值均用此符号来表达。在没有值的选项上单击右键，选择"remove values"，将该符号从图例中删除。

④ 各土地类型的颜色可根据需要改变，如果想恢复原来的色彩效果，单击"Default Colors"按钮即可。

⑤ 单击"确定"按钮，完成分类栅格符号设置，返回 ArcMap 窗口，如图 5.30 所示。

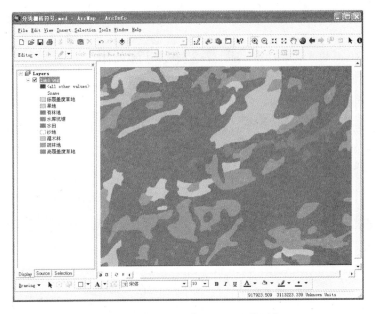

图 5.30　分类栅格符号设置后的图像

5.4.2　分级栅格符号设置

分级栅格符号表示法不同于分类栅格符号表示法,它是表示栅格数据类型的分级图,多用于制作地势图、植被指数图、低下水位图等,具体操作如下:

① 打开某一地区的 DEM 栅格图像。

② 双击内容表中的栅格图,打开如图 5.31 所示的对话框。

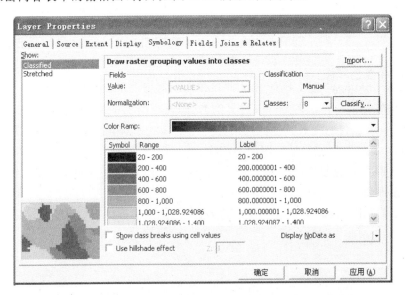

图 5.31　某地区 DEM 栅格图属性界面

③ 在"Symbology"选项卡的"Show"列表框中选择"Classified",在"Classes"中选择级别数为"8"级,若想进一步调整分级,单击"Classify..."按钮,在"Classification"对话框

中调整分级方法和分级界限。

④ 在"Color Ramp"下拉列表框中选择一种色彩方案。

⑤ 选中"Show class breaks using cell values"复选框，可将栅格单元的值作为分级标注数字，否则默认状态下是以分级方法计算的结果标注数字。

⑥ 单击"确定"按钮，完成分级栅格符号的设置，如图5.32所示。

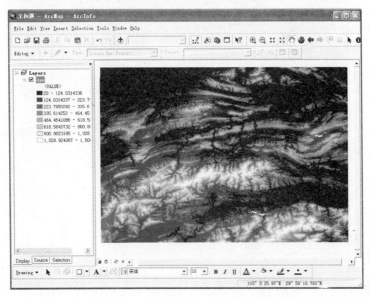

图5.32　分级栅格符号设置后的图像

5.4.3　栅格影像地图设置

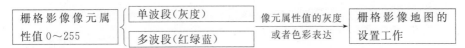

多波段影像色彩设置可以通过调整波段的组合来达到理想的效果。

① 打开一个多波段栅格图像。

② 进入如图5.33所示的对话框。

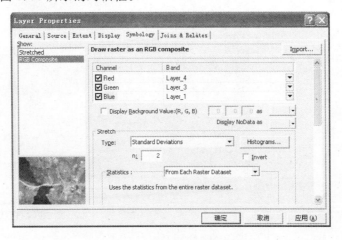

图5.33　多波段栅格图属性界面

③ 在"Show"列表框选择"RGB Composite",在"Red Band"中选择"Layer_4","Green Band"中选择"Layer_3","Blue Band"中选择"Layer_1"。"Type"下拉列表中选择"Standard Deviations"。

④ 单击"Histograms..."按钮打开直方图对话框,如图 5.34 所示。

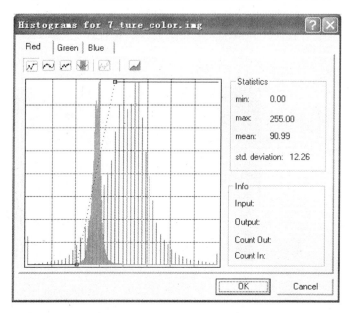

图 5.34　直方图对话框

⑤ 在直方图对话框中分别调节红、绿、蓝三个波段的直方图,改变影像的色彩效果。

⑥ 单击"确定"按钮返回 ArcMap 窗口,如图 5.35 所示。

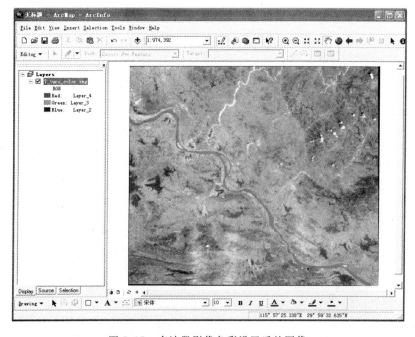

图 5.35　多波段影像色彩设置后的图像

5.5 地图的编制

计算机制图生产工艺过程包括地图设计、数据输入、数据处理和图形输出四个阶段。

基于 ArcGIS 的地图制作方法可概括为前期准备、版面设计、制图数据操作、地图标注、地图整饰、地图输出 6 个阶段,基本流程如图 5.36 所示。

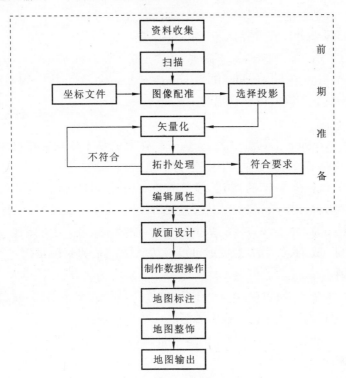

图 5.36　基于 ArcGIS 的地图编制基本流程

5.5.1　前期准备

1. 地图扫描

利用扫描仪获得数字化地图的底图时,根据制图目的、成图尺寸、要求的精度以及清晰度等来设定图像处理的分辨率和范围。同时将栅格图像扫描为灰度图像,以便利用 ArcScan 矢量化。

2. 图像配准

图像配准是通过控制点的选取,对扫描后的栅格数据进行坐标匹配和几何校正。经过配准后的栅格数据具有地理意义,在此基础上得到的矢量数据才具有一定地理空间坐标,才能解决实际空间问题。配准方法为:

① 打开 ArcMap,新建文档。

② 增加"Georeferencing"工具条,确定其工具条中的工具被激活。并且将该工具条菜单下的"Auto Adjust"处于不选择状态,然后单击"Add Control Point"按钮。

③ 使用该工具在扫描图上精确到找一个控制点单击,然后单击鼠标右键输入该点实际的坐标位置。用相同的方法在影像上增加多个控制点,输入它们的实际坐标。

④ 增加所有控制点后,在"Georeferencing"菜单下,单击"Update Display"。更新后,就变成真实的坐标,在"Georeferencing"菜单下,单击"Rectify",将校准后的影像另存即可。

3．选择坐标投影系统

一般情况下,要给配准好的栅格数据选择坐标投影系统,具体方法如下:

① 新建文档,把校准后的 Rectify 存盘文件导入 ArcMap。

② 执行"View"→"Data Frame Properties"命令。

③ 选择"Coordinate System"页夹,在"Select a coordinate Sytem"框中选择"Predefined"→"Projected Coordinate System"→"Gauss Kruger"→"BeiJing 1954"投影坐标系统,单击"确定"按钮。

4．矢量化

ArcScan 是 ArcMap 工具组件之一,是一套强大的易于使用的栅格矢量化工具。本文主要描述利用 ArcScan 的矢量方法。其方法是:

① 添加 Rectify 校准后的图层,在 Display 窗口的图层上单击鼠标右键,选择"Properties"属性,打开"Symbolgy"标签,在"Show"中选"Classified",令其值等于 2。

② 在 ArcCatalog 中新建点、线、多边形、多点四种 shp 文件,将图像和 shp 文件一起导入 ArcMap,对 shp 件进行编辑,此时可以激活 ArcScan,进行矢量化。

5．拓扑处理

空间数据在采集和编辑过程中,常会有出现伪节点、冗余节点、悬线、重复线等情况,通过拓扑检查,可以发现数字化过程中的错误。其方法是:

① 在 ArcCatlalog 中任意选择一个本地目录,新建"personal Geodatabase",然后设置集的坐标系统。

② 选择创建的数据集,导入要素类以及要进行拓扑分析的数据,进行拓扑分析。

③ 在 ArcMap 中打开由拓扑规则产生的文件,利用 Topolopy 工具条中错误记录信息进行修改将数据集导入 ArcMap 中,单击"编辑"按钮进行编辑。

6．编辑属性

属性是空间数据的重要特征,描述了空间对象丰富的语义。对图形要素进行相应的属性赋值是地图数字化的重要方面,是创建各种专题图的基础。其输入方法是:

① 打开 ArcMap 视窗内容表,光标放在需要打开属性表的层上,单击鼠标右键。

② 弹出数据层操作快捷菜单,单击"Open Attribute Table"菜单。

③ 新建记录,在此列表中输入需要的数据即可。

5.5.2　版面设计

1．地图模板操作

ArcMap 系统不仅为用户编制地图提供丰富的功能和途径,还可以将常用的地图输出样式制作成现成的地图模板,方便用户直接调用,减少了很多复杂的过程,操作过程如下。

① 在 ArcMap 窗口主菜单栏中,单击"File"菜单下的"New"命令,打开"New"对话框。

② 选中"Template"复选按钮,确定建立地图模板。

③ 单击"OK"按钮创建空地图模板,返回 ArcMap 窗口。

④ 根据需要进行各种地图版面设置。

⑤ 单击"File"下的"Save As"命令,保存经过设置的模板为 User.mxt。

在系统默认的模板文件夹路径新建一个自定义的文件夹,将设置的模板文件保存在新建文件夹,即可把自己制作的地图模板保存为给定的模板,如图 5.37 所示。

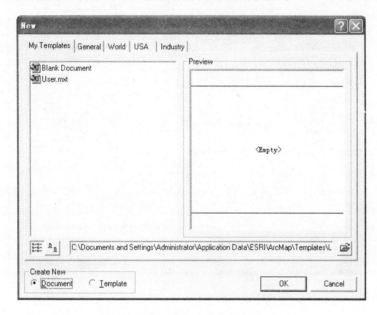

图 5.37　自定义的地图模板

2. 图面尺寸设置

ArcMap 窗口包括数据视图和版面视图,正式输出地图之前,应该首先进入版面视图,按照地图的用途、比例尺、打印机的型号等来设置版面的尺寸。若没有设置,系统会采用默认的纸张尺寸和打印机。

① 单击"View"菜单下的"Layout View"命令,进入版面视图。

② 将光标移至 Layout 窗口默认纸张边沿以外,右键打开图面设置快捷菜单,单击"Page and Print Setup"命令,打开如图 5.38 所示的对话框。

若电脑连接打印机,则"Printer Setup"中各项将以白底显示,可根据所连接的打印机进行不同的设置。

③ 选择打印机,设置纸张的类型。如果在"Map Page Size"选项组中选择了"Use Printer Paper Settings"选项,则"Page"选项组中默认尺寸为该类型的标准尺寸。若不想使用系统给定的尺寸,可以不选择该项,可以在"Standard Size"下拉列表中选择用户自定义纸张尺寸,在"Width"和"Height"中输入尺寸大小以及单位,"Orientation"可选"Landscape"(横向)或者"Portrait"(纵向)。

④ 选中"Show Printer Margins on Layout"复选框,则在地图输出窗口上显示打印

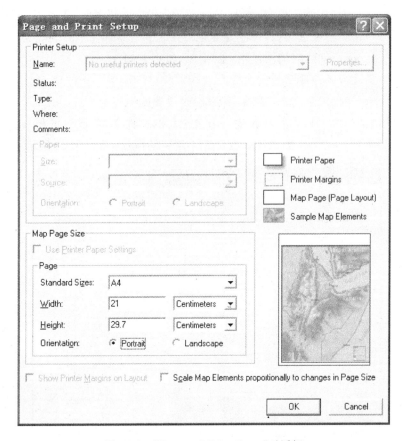

图 5.38　"Page and Print Setup"对话框

边界；选中"Scale Map Elements proportionally to changes in Page Size"复选框，则纸张尺寸自动调整比例尺。如选择第二种方式，则无论如何调整纸张的尺寸和纵横方向，系统都将根据调整后的纸张参数重新自动调整地图比例尺，如果想完全按照自己的需要来设置地图比例尺就不要选择该选项。

⑤ 单击"OK"按钮，完成设置。

注：关于尺寸设置中需要注意的问题是两种图面尺寸设置的差异。若按照打印机纸张来设置图面尺寸的话，地图文档就与所选择的打印机建立了联系，当地图文档需要被共享，而接受共享的一方没有同型号的打印机时，地图文档就会自动调整其图面尺寸，变为接受共享一方默认的打印机纸张尺寸，破坏了其原有设置，因此推荐按照标准纸张尺寸或者用户自定义尺寸进行图面设置，这样地图文档与打印机是相互独立的关系，不会因为型号问题而改变原有设置。

3．图框和底色设置

ArcMap 的输出地图可以由一个或者多个数据组构成，各个数据组可以设置自己的图框和底色。

① 在需要设置图框的数据组上右击打开快捷菜单，单击"Properties"命令，打开"Data Frame Properties"对话框，如图 5.39 所示。

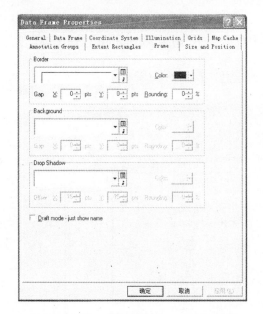

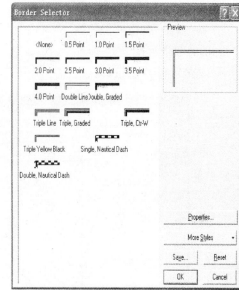

图 5.39　"Data Frame Properties"对话框　　　　图 5.40　"Border Selector"对话框

②　单击"Frame"选项卡，进行图框样式选择。在"Border"选项组单击"Style"按钮，打开"Border Selector"对话框（见图 5.40），选择需要的图框类型，如果在现有的图框样式中没有找到合适的，可以单击"Properties…"按钮改变图框的颜色和双线间距，也可以单击"More Styles"按钮获得更多的样式以供选择。

③　单击"OK"按钮，返回"Data Frame Properties"对话框，继续底色的设置。在"Background"下拉列表中选择需要的底色，若没合适的底色，单击 Background 选项组中的"Style"按钮进一步设置（见图 5.41）。若仍无合适的颜色，可以单击"More Styles"按钮获取更多样式，或者单击 Properties 按钮在已有底色的基础上调整其颜色、外框颜色、外框宽度（图 5.42）。

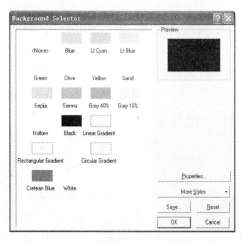

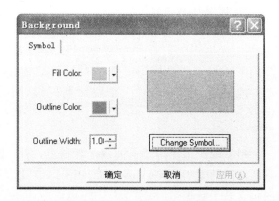

图 5.41　"Background Selector"对话框　　　　图 5.42　"Background"对话框

④　在"Drop Shadow"选项组中调整数组阴影，在其下拉框中选择所需要的阴影颜色，与调整底色方法类似，可以通过单击"More Styles"按钮或者"Properties…"按钮对

阴影做进一步的设置。

⑤ 调整各个组合框中的 X,Y 可以改变图框的大小,调整 Rounding 百分比可以调节图框边角的圆滑程度。

⑥ 单击"确定"按钮,完成设置,如图 5.43 所示。

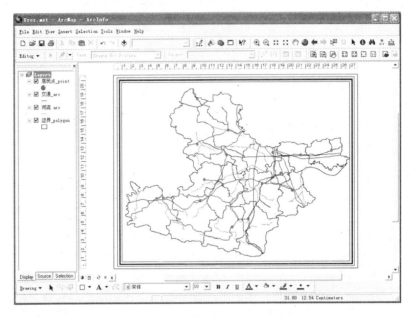

图 5.43　完成版面设置后的版面视图

5.5.3　制图数据操作

一幅 ArcMap 地图通常包括若干个数据组,如果用户需要复制数据组或者调整数据组的尺寸,生成数据组定位图,就需要在版面视图直接操作制图数据。

1. 复制地图数据组

① 在 ArcMap 窗口版面视图单击需要复制的原有制图数据组。

② 在原有制图数据组上右击打开制图要素操作快捷菜单。

③ 单击"Copy"命令或者直接使用快捷键"Ctrl+C"将制图数据组复制到剪贴板。

④ 光标移至选择制图数据组以外的图面上,右击打开图面设置快捷菜单,单击"Paste"命令或者直接用快捷键"Ctrl+V"将制图数据粘贴到地图中。

地图输出窗口增加一个复制数据组,同时内容表中也增加一个 New Data Frame (图 5.44)。

2. 设置总图数据组

根据输出地图中现有的两个数据组,将一个数据作为说明另一个数据组空间位置关系的总图数据组(Overview Data Frame),这在实际应用中是非常有意义的。当一幅地图包含若干数据组时,一个总图可以对应若干样图。一个总图与样图的关系建立起来,调整样图范围时,总图中的定位框图的位置与大小将同时发生相应的调整。

① 在 ArcMap 窗口版面视图中,在将要作为总图的数据组上右键打开制图要素操作快捷菜单,单击"Properties"命令,打开"Data Frame Properties"对话框,如图 5.45 所示。

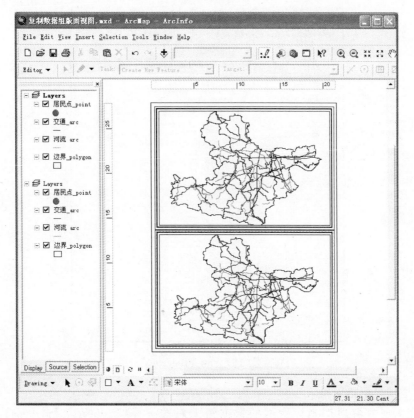

图 5.44　复制数据组后的版面视图

② 单击"Extent Rectangles"选项卡,在"Other data frames"选项组的窗口中选择样图数据组为"Data Frame 2"。单击右向箭头按钮将样图数据组添加到右边的窗口。

③ 单击"Frame..."按钮,打开"Frame Properties"对话框,选择合适的边框、底色和阴影。

④ 单击"确定"按钮,完成设置后,如果调整样图可以在总图中浏览其整体效果。

3. 旋转制图数据组

在实际应用中,由于制图区域的形状或者其他原因,可能需要对输出的制图数据组进行一定角度的旋转,以满足某种制图效果。具体操作如下:

① ArcMap 窗口主菜单中单击"View"下的"Toolbars"命令,选择其下级菜单中的"Data Frame Tools",加载工具条。

② 在"Frame Tools"工具条上单击"Rotate Data Frame"按钮。

③ 光标移至版面视图需要旋转的数据组上,左键拖放旋转,也可在文本框中指定旋转角度。如果要取消刚才的旋转操作,只需单击"Clear Rotation"按钮即可。

4. 绘制坐标格网

地图中的格网反映地图的坐标系统或地图投影信息。不同制图区域的大小,有着不同类型的坐标格网:

小比例尺大区域的地图——经纬线格网

中比例尺中区域的地图——投影坐标格网

大比例尺小区域的地图——公里格网或索引参考格网

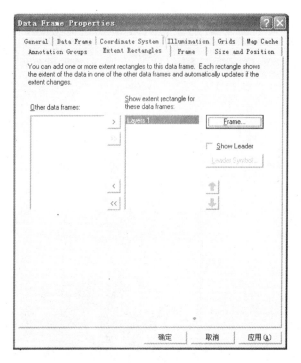

图 5.45 "Data Frame Properties"对话框

（1）地理坐标格网设置

① 在需要放置地理坐标格网的数据组上右键选择"Properties"命令，打开"Data Frame Properties"对话框（图 5.45），单击"Grids"选项卡。

② 单击"New Grid"按钮，打开"Grids and Graticules Wizard"对话框，如图 5.46 所示。

图 5.46 "Grids and Graticules Wizard"对话框

③ 选择"Graticule：divides map by meridians and parallels"（绘制经纬线格网）单选按钮，在"Grid"文本框中输入坐标格网名称为"Reference Graticule"。

④ 单击"下一步"按钮,打开"Create a graticule"对话框。在"Appearance"选项组选择"Graticule and labels"(绘制经纬线格网并标注)单选按钮。在"Intervals"选项组输入经纬线格网的间隔,如纬线间隔(Place parallels):10 度 0 分 0 秒;经线间隔(Place meridians):10 度 0 分 0 秒。

⑤ 单击"下一步"按钮,打开"Axes and labels"对话框,如图 5.47 所示。在"Axes"选项组选中"Major division ticks"(绘制主要格网标注线)和"Minor division ticks"(绘制次要格网标注线)复选框。单击它们后面的"Line style"按钮,设置标注线符号。在"Number of ticks per major"微调框中输入主要格网细分数为"5"。单击"Labeling"选项组中"Text"按钮,设置坐标标注字体参数。

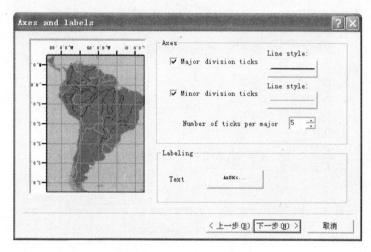

图 5.47 "Axes and labels"对话框

⑥ 单击"下一步"按钮,打开"Create a graticule"对话框,如图 5.48 所示。在"Graticule Border"选项组中选择"Place a simple border at edge of graticule"单选按钮。在"Neatline"选项组选中"Place a border outside the grid"(在格网线外绘制轮廓线)复选框。在"Graticule Properties"选项组选择"Store as a fixed grid that updates with changes to the data frame"(经纬格网将随着数据组的变化而更新)单选按钮。

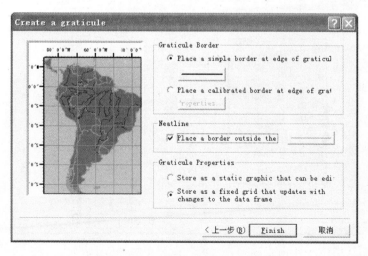

图 5.48 "Create a graticule"对话框

⑦ 单击"Finish"按钮,完成经纬网的设置,返回"Data Frame Properties"对话框,所建立的格网文件显示在列表中。单击"确定"按钮,经纬线坐标格网出现在版面视图中。

(2) 地图公里格网设置

① 在需要放置地理坐标格网的数据组上右键打开"Data Frame Properties"对话框,单击"Grids"选项卡。

② 单击"New Grid"按钮,打开"Grids and Graticules Wizard"对话框,如图 5.49 所示。选择"Measured Grid:devides map into a grid of map unit"(绘制公里格网单元)单选按钮。在"Grid"文本框输入坐标格网名称为"Measure Grid"。

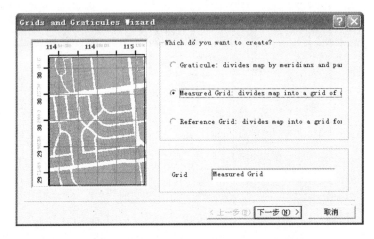

图 5.49 "Grids and Graticules Wizard"对话框

③ 单击"下一步"按钮,打开"Create a measured grid"对话框,如图 5.50 所示。在"Appearance"选项组选择"Grid and labels"(绘制公里格网并标注)单选按钮。若选择"Labels only",则只放置坐标标注,而不绘制坐标格网;而选择"Tick marks and labels",只绘制格网线交叉十字及标注。在"Intervals"文本框输入公里格网的间隔,在"X Axes"和"Y Axes"的文本框中分别输入水平和垂直格网间隔为"5000"。

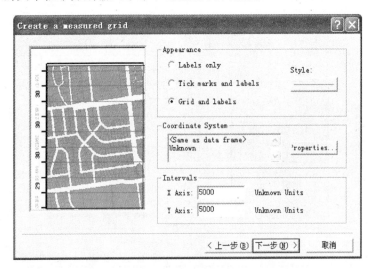

图 5.50 "Create a Measure Grid"对话框

④ 单击"下一步"按钮,打开"Axes and labels"对话框,如图5.51所示。在"Axes"选项组选中"Major division ticks"(绘制主要格网标注线)和"Minor division ticks"(绘制次要格网标注线)复选框。单击它们后面的"Line style"按钮,设置线符号。在"Number of ticks per major"微调框中输入主要格网细分数为"5"。单击"Labeling"选项组中"Text"按纽,设置坐标标注字体参数。

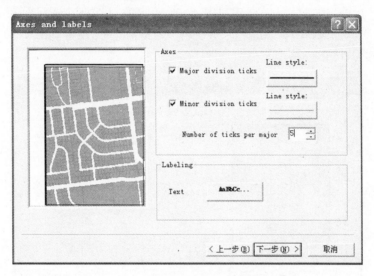

图5.51 "Axes and Labels"对话框

⑤ 单击"下一步"按钮,打开"Create a measured grid"对话框,如图5.52所示。在"Measured Grid Border"选项组选中"Place a border between grid and axis label"复选框。在"Neatline"选项组选中"Place a border outside the grid"(在格网线外绘制轮廓线)复选框。在"Grid Properties"选项组选择"Store as a fixed grid that updates with changes to the data frame"(公里格网将随着数据组的变化而更新)单选按钮。

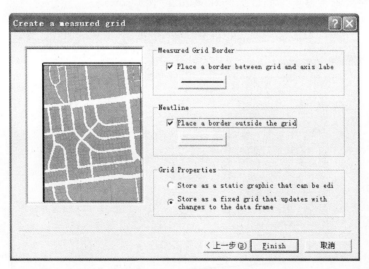

图5.52 "Create a measured grid"对话框

⑥ 单击"Finish"按钮,完成公里坐标格网的设置。返回"Data Frame Properties"对话框,所建立的格网文件显示在列表中,单击"确定"按钮,公里坐标格网出现在版面视图中。

（3）索引参考格网设置

① 在需要放置地理坐标格网的数据组上右键打开"Data Frame Properties"对话框,单击"Grids"选项卡。

② 单击"New Grid"按钮,打开如图 5.53 所示的对话框。选择"Reference Grid：devides map into a grid for indexing"（绘制参考格网）单选按钮。在"Grid"文本框输入坐标格网名称为"Index Grid"。

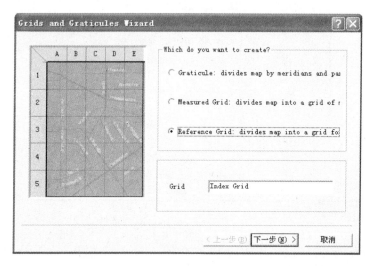

图 5.53 "Grids and Graticules Wizard"对话框

③ 单击"下一步"按钮,打开如图 5.54 所示的对话框。在"Appearance"选项组选择"Grid and index tabs"（绘制参考格网及标识）单选按钮。在"Intervals"选项组"Divide grid into"中输入参考格网的间隔为"5 columns"，"5 rows"。

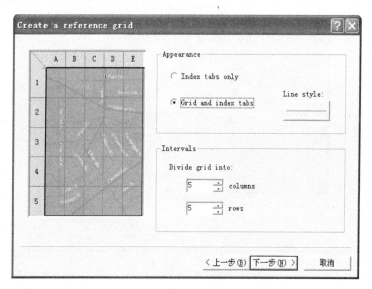

图 5.54 "Create a reference Grid"对话框（一）

④ 单击"下一步"按钮,打开如图 5.55 所示的对话框。在"Tab Style"选项组"Tab"下拉选项中选择"Continuous Tabs"(连续参考标识)。单击"Color"按钮,定义参考格网标识框底色。单击"Font"按钮,定义参考格网标识字体及其大小。在"Tab Configuration"选项组选择"A,B,C,... in columns"单选按钮。

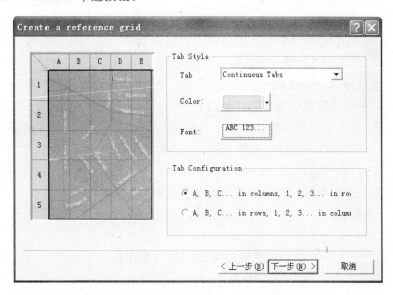

图 5.55 "Create a reference grid"对话框(二)

⑤ 单击"下一步"按钮,打开如图 5.56 所示的对话框。在"Reference Grid Border"选项组中,选中"Place a border between grid and axis labels"复选框,单击线划按钮,定义轮廓线符号参数。在"Neatline"选项组选中"Place a border outside the grid"(在格网线外绘制轮廓线)复选框。在"Grid Properties"选项组选择"Store as a fixed grid that updates with changes to the data frame"单选按钮。

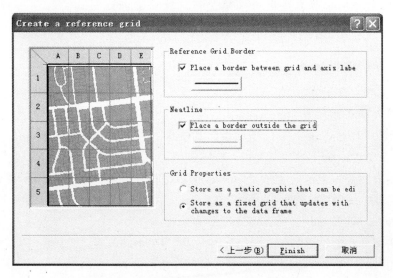

图 5.56 "Create a reference grid"对话框(三)

⑥ 单击"Finish"按钮,返回"Data Frame Properties"对话框,所建立的格网文件显示在列表中,单击"确定"按钮,参考格网显示在版面视图中。

5.5.4 地图标注

地图上说明图面要素的名称、质量与数量特征的文字或数字,统称为地图注记(Cartographic annotation)。在地图上只有将表示要素和现象的图形符号与说明这些要素的名称、质量、数量特征的文字和数字符号结合起来,形成一个有机整体,即地图的符号系统,这样才能使地图更加有效地进行信息传输。否则,只有图形符号而没有注记符号的地图,只能是一种令人费解的"盲图"。地图上的注记分为名称注记、说明注记和数字注记三种。名称注记用于说明各种事物的专有名称,如山脉名称,江、河、湖、海名称,居民地名称,地区、国家、大洲、大陆、岛屿名称等;说明注记用于说明各种事物种类、性质或特征,它是用以补充图形符号的不足,常用简注形式表示;数字注记用于说明事物的数量特征,如地形高程、比高、路宽、水深、流速、承载压力等。同时借助不同字体、字号、颜色的注记也能够进一步标明事物的性质、种类及数量差异。因此,地图注记在地图图面与图形符号上构成了一种相辅相成的整体。

地图注记的形成过程就是地图的标注(label)。根据标注对象的类型以及标注内容的来源,可以分为交互式标注、自动标注、链接式标注三种。

使用交互式标注的前提是需要标注的图形较少,或需要标注的内容没有包含在数据层的属性表中,或需要对部分图形要素进行特别说明。在这种情况下,可以应用交互式标注方式来放置地图注记。

大多数情况下,使用的是自动式标注方法,它的前提是标注的内容包含在属性表中,且需要标注的内容布满整个图层,甚至分布在若干数据层,在这样的情况下,可以应用自动标注方式来放置地图注记;可以根据属性表中的一项属性内容标注于图;也可以按照条件选择其中一个子集进行标注。下面就自动式标注过程进行详细讲解。

1. 注记参数设置

自动标注方式的参数设置与交互式一样,同样是借助 ArcMap 绘图工具栏中的注记设置工具来实现对注记字体,大小与颜色的设置等。

2. 注记内容放置

自动标注实现方式多种多样,下面说明其中几个主要方式的实现步骤。

(1) 逐个要素标注

① 在需要放置注记的数据层上单击鼠标右键打开"Layer Properties"对话框,进入"Labels"选项卡,如图 5.57 所示。

② 选择"Label features in this layer"复选框。

③ 在需要标注的字段"Text String"中选择"NAME"。

④ 单击"Symbol..."按钮对注记字体做进一步的设置。

⑤ 单击"Scale Range..."按钮确定注记显示比例。

⑥ 单击"确定"按钮完成设置,返回 ArcMap 窗口。

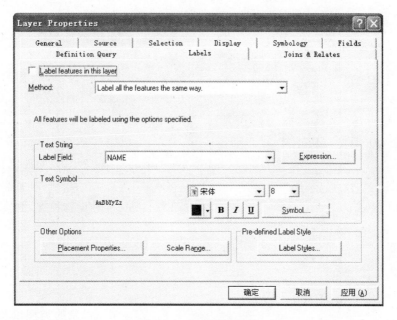

图 5.57　设置注记属性

（2）全部要素标注

① 在需要放置注记的数据层上单击鼠标右键打开"Layer Properties"对话框,进入"Labels"选项卡。

② 选中"Label features in this layer"复选框,确定在本数据层上进行标注。

③ 确定标注方法"Method:Label features in this layer"。

④ 在需要标注的字段"Text String"中选择"NAME"。

⑤ 单击"确定"按钮完成全部要素的标注。

注:如果不需要全部要素标注,而只要标注一部分要素,可以在标注方法 Method 下选择"Define classes of features and label each class differently",单击"SQL Query"按钮输入条件表达式即可。

（3）多种属性标注

① 在需要放置注记的数据层上单击鼠标右键打开"Layer Properties"对话框,进入"Labels"选项卡。

② 选中"Label features in this layer"复选框,确定在本数据层上进行标注。

③ 确定标注方法"Method:Label features in this layer"。

④ 单击"Expression..."按钮打开"Label Expression"对话框,如图 5.58 所示。双击第一个需要标注的属性字段"NAME",该字段自动出现在"Expression"文本框内;然后双击第二个需要标注的属性字段,在两个字段之间用合法的表达式连接起来。用户可以按照此规律添加更多需要的属性字段。在"Parser"中可以选择不同的脚本来运行,包括 VB 和 Java 两种。

⑤ 单击"确定"按钮返回。

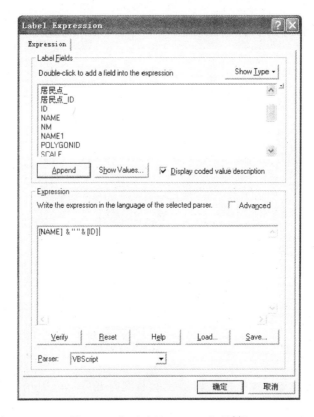

图 5.58 "Label Expression"对话框

3. 注记要素编辑

（1）自动标注的显示比例

默认状态下，注记大小是不随地图的放缩而变化的，若需要在屏幕缩放时注记要素发生相应变化，就必须设置数据组的参考比例尺。具体操作就是在数据组上右击打开快捷菜单，选择"Reference Scale"中的"Set Reference Scale"命令。这样数据组中所有注记都将以当前屏幕比例为参考缩放。若想恢复原来的状态，只需要选择"Reference Scale"中的"Clear Reference Scale"命令。

（2）重复注记的自动取舍

进行自动标注的时候，有时需要将重复的数值舍弃，而有时又需要保留重复的数值，这就需要应用系统提供的重复标注自动取舍功能。

① 打开"Layer Properties"对话框，进入"Labels"选项卡。

② 单击"Placement Properties..."按钮，在打开的对话框中，单击"Placement"选项卡，如图 5.59 所示。在"Duplicate Labels"选项组中选择"Remove Duplicate Labels"，系统就会自动舍弃重复注记。

③ 单击"确定"按钮完成设置。

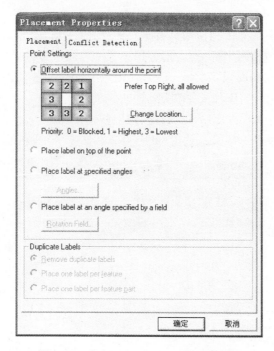

图 5.59　"Placement Properties"对话框

5.5.5　地图整饰

所谓地图整饰,就是地图表现形式、表示方法和地图图型的总称,它是地图生产过程的一个重要坏节,主要包括地图色彩与地图符号设计、线划和注记的刻绘、地形的立体表示、图面配置与图外装饰设计、地图集的图幅编排和装帧。整饰的目的是根据地图的性质和用途,正确选择表示方法和表现形式,恰当处理图上各种表示方法的相互关系,以充分表现地图主题及制图对象的特点,达到地图形式同内容的统一;以地图感受论为基础,充分应用艺术法则,保证地图清晰易读,层次分明,富有美感,实现地图科学性与艺术性的结合;符合地图制版印刷的要求和技术条件,有利于降低地图生产成本。

数据组是地图的主要内容,一幅完整的地图不仅包含反映地理数据的线划及色彩要素,还包含与地理数据相关的一系列辅助要素,如图名、图例、比例尺、指北针、统计图表等,所有这些辅助要素的放置,都作为地图整饰操作来说明。

1. 图名的放置与修改

① 在 ArcMap 窗口菜单条上单击"View"菜单下的"Layout",打开版面视图。

② 选择"Insert"菜单下的"Title"命令,出现"Enter Map Title"矩形框。

③ 在矩形框中输入所需要的图名字符串。

④ 将图名矩形框拖放到图面合适的位置。

⑤ 可以直接拖拉图名矩形框调整图名字符的大小,或者在单击了图名矩形框之后,通过绘图工具条上的相关工具,如 Change Font,Change Size 调整图名的字体、大小等参数。

2. 图例的放置与修改

图例符号对于地图的阅读和使用具有重要的作用,主要用于简单明了地说明地图内容的确切含义。通常包括两个部分:一部分用于表示地图符号的点线面按钮,另一部分是对地图符号含义的标注和说明。

① 创建 ArcMap 文档,添加要素图层。

② 选择"View"菜单下的"Layout"命令,进入版面视图。

③ 选择"Insert"菜单下的"Legend"命令,打开如图 5.60 所示的对话框。

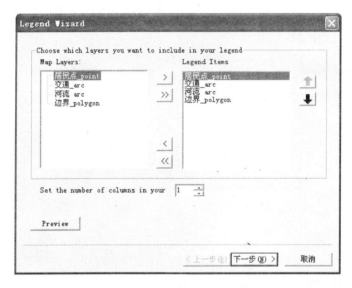

图 5.60　"Legend Wizard"对话框(一)

④ 选择"Map Layers"列表中的数据层,使用右向箭头将其添加到"Legend Items"中。

⑤ 选择"Legend Items"列表中的数据层,通过向上、向下方向箭头调整图层顺序,即调整数据层符号在图例中排列的上下顺序。

⑥ 在"Set the number of columns in your legend"对话框中输入"1",确定图例按照一行排列,单击"下一步"按钮,打开如图 5.61 所示的对话框。

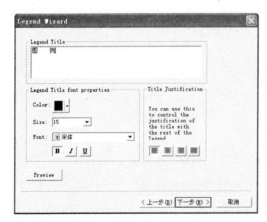

图 5.61　"Legend Wizard"对话框(二)

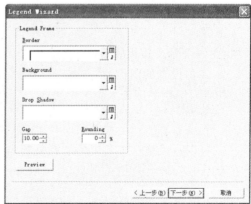

图 5.62　"Legend Wizard"对话框(三)

⑦ 在"Legend Title"中填入图例标题,在"Legend Title font properties"选项组中可以更改标题的颜色、字体、大小以及对齐方式等,单击"下一步"按钮,打开如图 5.62 所示的对话框。

⑧ 在"Legend Frame"选项组中更改图例的边框样式、背景颜色、阴影等。完成设置后单击"Preview"按钮预览图例效果,单击"下一步"按钮,打开如图 5.63 所示的对话框。

⑨ 选择"Legend Items"列表中的数据层,在"Patch"选项卡设置其属性。"Width"(图例方框宽度)设置为"26.00";Height(图例方框高度)设置为"14.00";单击"Line"(轮廓线属性)和"Area"(图例方框色彩属性)下拉按钮进行轮廓线和方框色彩设置。单击"Preview"按钮可以预览图例符号显示设置效果。

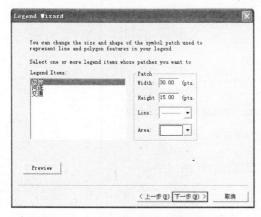

图 5.63 "Legend Wizard"对话框(四)

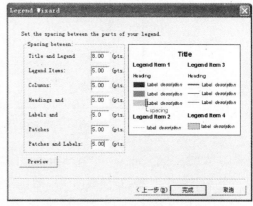

图 5.64 "Legend Wizard"对话框(五)

⑩ 单击"下一步"按钮,出现图例符号间隔设置对话框如图 5.64 所示。

- Title and Legend items(图例标题与图例符号之间的距离):8.00;
- Leg Items(分组图例符号之间的距离):5.00;
- Columns(两列图例符号之间的距离):5.00;
- Headlings and(分组图例标题与分级符号之间的距离):5.00;
- Labels and Descriptions(图例标注与说明之间的距离):5.00;
- Patches Vertically(图例符号之间的垂直距离):5.00;
- Patches and Labels(图例符号与标注之间的距离)5.00。

⑪ 单击"Preview"按钮可以预览图例符号显示设置效果。单击"完成"按钮,关闭对话框,图例符号及其相应的标注与说明等内容放置在地图版面中。

⑫ 单击设置的图例,并按住左键移动,将其拖放到更合适的位置。

如果对图例的图面效果不太满意,可以通过下面的操作进一步调整参数。

(1)图例标题与表现形式调整

① 双击图例,打开"Legend Properties"对话框,单击"Legend"选项卡,如图 5.65 所示。

② 在"Title"文本框中可以输出或修改图例标题。

③ 在"Patch"选项组中的"Width"文本框中可以输入图例按钮的宽度;在"Height"文本框中可以输入图例按钮的高度;单击"Line"下拉按钮可以改变线划图例类型;单击"Area"下拉按钮可以改变面状图例类型。

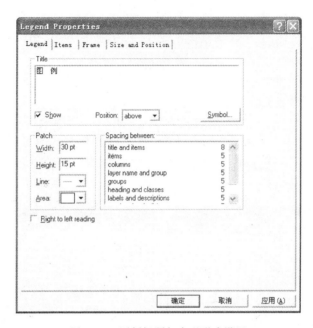

图 5.65　图例标题与表现形式设置

④ 在"Spacing between"选项组中可以输入图例行、列间隔尺寸。

⑤ 单击"确定"按钮,完成图例标题与表现形式设置,关闭对话框。

(2) 图例内容设置调整

① 单击"Items"选项卡,打开如图 5.66 所示的对话框。

② 在"Legend Items"窗口选择图层,可以通过上下箭头按钮调整显示顺序。

③ 单击"Style…"按钮,可以打开"Legend Item Selector"对话框,调整图例的符号类型,可以使不同数据层具有不同的图例符号,单击"OK"按钮,关闭"Legend Item Selector"对话框,返回"Legend Properties"对话框。

④ 选择"Place in new column"单选按钮,在新的一列中排列该数据层图例,在"columns"微调框中输入图例列数"2"。

⑤ 在"Map Connection"栏中设置图例与数据层的相关关系,包括以下几个方面:

• 图例仅仅表示地图中显示的数据层:Only display layers …。

• 增加数据层以后图例内容自动调整:Add a new item to the legend …。

• 地图数据层调整顺序之后图例相应调整:Reorder the legend items …。

• 根据地图的参考比例尺调整图例符号:Scale symbols when …。

⑥ 如果要删除图例中的数据层,单击左箭头按钮使其在 Legend Items 中消失。

⑦ 单击"确定"拉钮,完成图例内容的选择设置。

(3) 图例背景与定位调整

① 单击"Frame"选项卡,进入如图 5.67 所示的对话框。单击"Border"的下拉箭头,选择图例背景边框符号;单击"Background"的下拉箭头,设置图例背景色形;单击"Drop Shadow"的下拉箭头,设置图例阴影的色彩。

② 单击"Size and Position"选项卡,进入如图 5.68 所示的对话框。在"Position"选

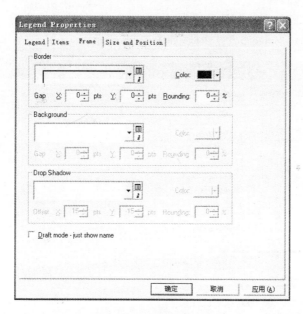

图 5.66　图例内容设置

图 5.67　图例背景设置

项组中输入横纵坐标(x,y),确定定位点(9 种定位点)。

③ 单击"确定"按钮,完成图例背景与定位设置。

3. 比例尺的放置与修改

地图上标注的比例尺有数字比例尺和图形比例尺两种。数字比例尺非常精确地表达地图要素与所代表的地物之间的定量关系,但不够直观,而且随着地图的变形与缩放,数字比例尺标注的数字是无法相应变化的,无法直接用于地图的量测;而图形比例尺虽然不能精确地表达制图比例,但可以用于地图量测,而且随地图本身的变形与缩放一起变化。由于两种比例尺标注各有优缺,所以在地图上往往同时放置两种比例尺。

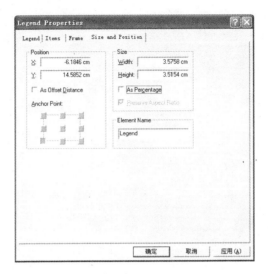

图 5.68　图例定位设置

（1）图形比例尺放置

① 在 ArcMap 窗口主菜单条上单击"Insert"命令，在其下拉菜单上单击"Scale Bar"命令，打开"Scale Bar Selector"对话框，如图 5.69 所示。

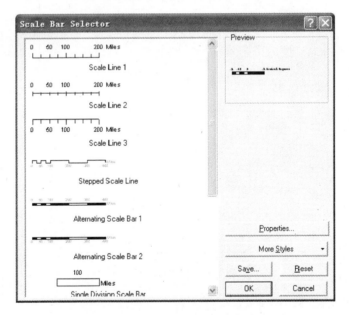

图 5.69　"Scale Bar Selector"对话框

② 在比例尺符号类型窗口选择比例尺符号：Alternating Scale Bar 1。

③ 单击"Properties..."按钮，打开"Scale Bar"对话框，选中"Scale and Units"选项卡（图 5.70）。

④ 在"Number of divisions"（比例尺分划数量）微调框中输入"2"；在"Number of subdivisions"（比例尺细分数量）微调框中输入"4"；在"When resizing..."下拉框设置比例尺调整时调整宽度为"Adjust division value"。

⑤在"Division Units"下拉框选择比例尺数值分划单位为"Decimal Degrees";在"Label Position"下拉框选择数值单位标注位置为"after labels";在"Gap"微调框设置标注与比例尺图形之间距离为"2.5pt"。

⑥单击"确定"按钮,关闭"Scale Bar"对话框,完成比例尺设置。

⑦单击"OK"按钮,关闭"Scale Bar Selector"对话框,初步完成比例尺放置。

⑧任意移动比例尺图形到合适的位置。

注:上面在放置比例尺符号的过程中,只对比例尺符号类型、单位、分化等进行了设置,下面还需要对比例尺的数字标注与分割符号做进一步编辑。

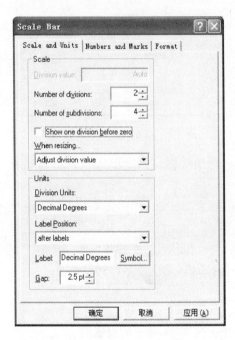

图 5.70　"Scale Bar"对话框

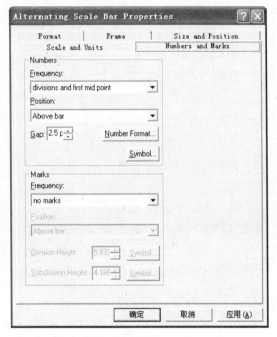

图 5.71　"Alternating Scale Bar Properties"对话框

①在 ArcMap 窗口版面视图,右键单击比例尺符号,选择"Properties"命令,打开"Alternating Scale Bar Properties"对话框,单击"Numbers and Marks"选项卡(图 5.71)。

②在"Numbers"选项组中"Frequency"下拉框设置标注为"divisions and first mid point";在"Position"下拉框设置标计数字的位置为"Above bar";在"Gap"下拉框设置标注数字与符号之间的距离为"2.5pt",单击"Number Format..."按钮,进一步设置标注数字格式。

③在"Marks"选项组中"Frequency"下拉框设置分割符号数量;在"Position"下拉框设置分割符号的位置方向;在"Divisions Height"下拉框设置分割符号的长度;在"Subdivision Height"下拉框设置二级分割符号的长度;单击"Symbol..."按钮,可进一步设置分割符号特征。

(2) 放置数字比例尺

①在 ArcMap 窗口主菜单条上单击"Insert"下的"Scale Text"命令,打开"Scale Text Selector"对话框,如图 5.72 所示。

②选择一种系统所提供的数字比例尺类型。

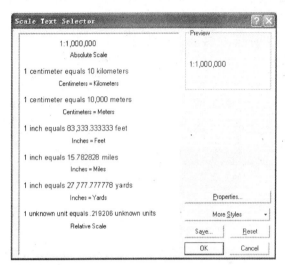

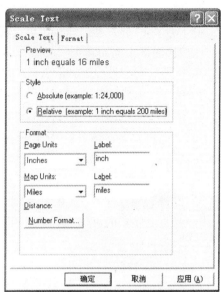

图 5.72 "Scale Text Selector"对话框   图 5.73 "Scale Text"对话框

③ 如果需要进一步设置参数,单击"Properties…"按钮,打开"Scale Text"对话框(图5.73)。

④ 首先确定比例尺类型(Style)为"Absolute"或者"Relative"。如果是 Relative 类型,还需要确定"Page Units"和"Map Units"。

⑤ 单击"确定"按钮,关闭"Scale Text"对话框,完成比例尺参数设置。

⑥ 单击"OK"按钮,关闭"Scale Text Selector"对话框,完成数字比例尺设置。

⑦ 移动数字比例尺到合适的位置。

4. 指北针的设置与放置

① 选择"Insert"下的"North Arrow"命令,打开如图5.74所示的对话框。

② 选择一种系统所提供的指北针类型,这里选择默认类型。

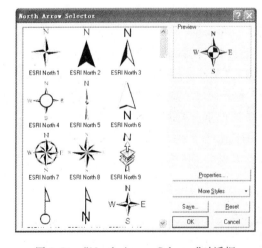

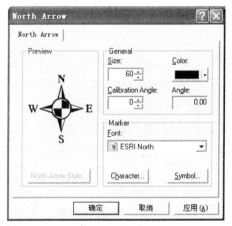

图 5.74 "North Arrow Selector"对话框   图 5.75 "North Arrow"对话框

③ 如果需要进一步设置参数,单击"Properties..."按钮,打开"North Arrow"对话框(图 5.75)。

④ 确定指北针的大小(Size)、指北针的颜色(Color)、旋转角度(Calibration Angle)。

⑤ 单击"确定"按钮,关闭"North Arrow"对话框。

⑥ 单击"OK"按钮,关闭"North Arrow Selector"对话框,完成指北针放置。

⑦ 移动指北针到合适的位置。

5. 图形要素的设置

地理数据以及图名、图例、比例尺、指北针等是地图的主要内容,是一幅完整地图不可或缺的组成部分。不仅如此,地图中还经常需要放置一些与数据组有关的图形要素,如统计图表和统计报告等,这些要素丰富了地图的内容,扩展了地图的用途。

(1) 图形要素的放置

在 ArcMap 输出地图放置的图形要素中,最常用的是矩形,因为矩形常常作为地图的外图廓和背景色彩。下面就矩形图形要素的放置与色彩调整进行简要说明。

① 在 ArcMap 窗口版面视图中的绘图工具条中单击绘制矩形要素按钮。

② 在版面视图按住鼠标左键并拖动,给定两点绘制矩形。

③ 双击所绘制的矩形要素,打开"Properties"对话框,单击"Symbol"选项卡(图 5.76)。

④ 单击"Fill Color"按钮,设置矩形填充颜色;单击"Outline Color"按钮,设置矩形边框颜色;在"Outline Width"窗口输入边框线划宽度。

⑤ 单击"确定"按钮,完成图形属性设置,返回 ArcMap 窗口。

注:以上对图形要素本身进行了编辑,由于图形要素是最后放置的,位于其他地图要素的上方,而图形要素又是作为地图的背景而存在的,所以调整图形要素与其他要素的上下关系是非常必要的。

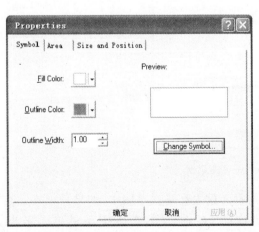
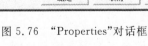

图 5.76 "Properties"对话框

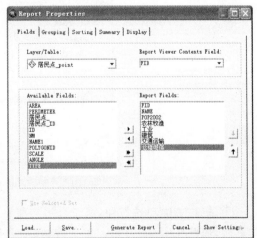

图 5.77 "Report Properties"对话框

(2) 统计报告的放置

统计报告是根据空间数据的属性特征值统计而成的,在 ArcMap 中,统计报告输出到图中的步骤如下:

① 在 ArcMap 窗口中单击"Tools"下拉菜单中"Report"下的"Create a Report"命令,打开"Report Properties"对话框(图 5.77)。

② 根据需要设置统计报告的属性字段、统计指标与报告格式。

③ 单击"Generate Report"按纽,在"Report Viewer"窗口中生成统计报告(图 5.78)。

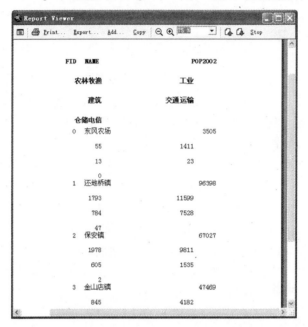

图 5.78 "Report Viewer"对话框

④ 在"Report"菜单条中单击"Add..."命令。打开"Add to Map"对话框(图 5.79)。

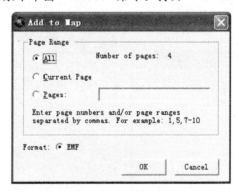

图 5.79 "Add to Map"对话框

⑤ 选中"All"单选按钮,将统计报告所有的页面放置在输出地图中;如果只想放置当前页面,选择"Current Page"单选按钮;如果想放置指定的页面,选择"Pages"单选按钮,并输入页码。

⑥ 单击"OK"按钮,关闭"Add to Map"对话框,统计报告放置在输出地图。

⑦ 移动统计报告到合适的位置。

(3)统计图形放置

根据空间数据的属性特征值绘制各种统计图形(Graph)是 ArcMap 系统的基本功

能,统计图形可以直观地表达制图要素的数量特征,所以它是地图中经常出现的要素类型。这里说明如何将统计图形放置到输出地图中。

① 打开一个图层文件。

② 在 ArcMap 窗口单击"Tools"下拉菜单中"Graphs"下的"Create"命令,打开如图 5.80 所示的对话框。

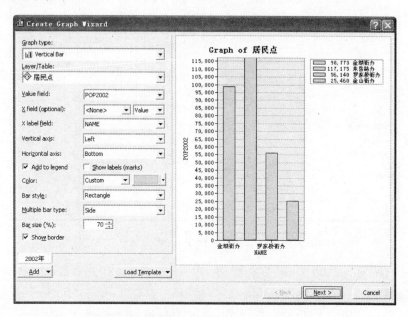

图 5.80 "Create Graph Wizard"对话框(一)

在"Graph type"下拉列表中选择"Bar"中的"Vertical Bar"项;在"Layer/Table"下拉列表中选择需要进行绘制统计图形的图层:"居民点";在"Value field"下拉列表框中选中"POP2002"字段;在"X field(optional)"下拉列表框中第一项选择"<None>",后一项选择"Value";在"X label field"(X 轴标签字段)下拉列表框中选择"NAME";在"Vertical axis"(竖轴线)下拉列表框中选择"Left";在"Horizontal axis"(水平轴线)下拉列表框中选择"Bottom";选中"Add to lengend"(增加图例)复选框,对"Show labels(marks)"(显示标签)复选框不做选择;在"Color"下拉列表框中选择"Custom"(自定义),在其后的下拉色块中选择合适的颜色;在"Bar style"(柱状图类型)下拉列表框中选择"Rectangle"(矩形);在"Multiple bar type"(多样化柱状图类型)下拉列表框中选择"Side";在"Bar size(%)"(柱状大小)列表框中将值调整为"70";双击"Vertical Bar"标签,将名称改为"2002"年;选中"Show border"(显示边界)复选框。

③ 单击"Add"按钮,选择"New Series"(新系列)项,为统计图形添加新数据系列(见图5.81)。在"Value field"下拉列表框中选中"POP2005"字段;在"Color"下拉列表框中选择"Custom",在其后的下拉色块中选择与第一系列相区别的颜色。其他选择项参照第一系列设置。双击"Vertical Bar",将名称改为"2005 年"。

④ 单击"Next"按钮,对统计图形做进一步详细设置(见图 5.82)。选中"Show all features/records on graph"(显示图片中所有要素/记录)单选框。在"General graph properties"(图形总体特征)下的"Title"栏中输入"大冶市四街办 2002 年与 2005 年人口

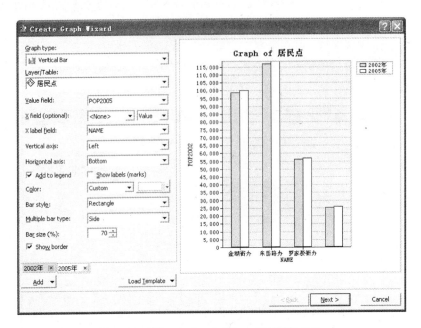

图 5.81 "Create Graph Wizard"对话框(二)

统计";选中"Graph in 3D view"复选框;选中"Graph legend"复选框,在"Position"下拉列表框中选择"Bottom";"Axis properties"(轴线)下设置"Left"和"Bottom"选项卡,删除两选项卡下"Title"后文本框内容,选中"Visible"复选框,其余选项卡不做设置。

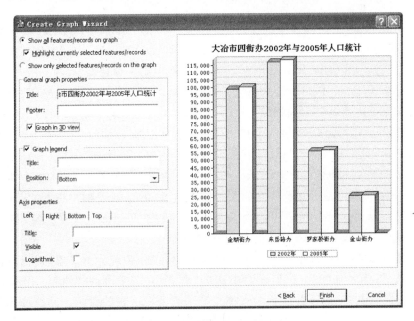

图 5.82 "Create Graph Wizard"对话框(三)

⑤ 单击"Finish"按钮,完成统计图制作(见图5.83),并放置在输出地图中。

⑥ 移动统计图形到合适的位置并调整其大小。

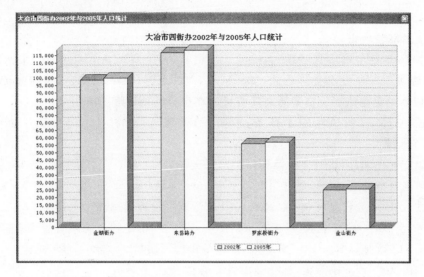

图 5.83　大冶市四街办 2002 年与 2005 年人口统计完成效果图

5.5.6　地图输出

编制好的地图通常按两种方式输出:其一就是借助打印机或绘图机硬拷贝输出;其二就是转换成通用格式的栅格图形,以便于在多种系统中应用。对于硬拷贝打印输出,关键是要选择设置与编制地图相对应的打印机或绘图机;而对于格式转换输出数字地图,关键是设置好满足需要的栅格采样分辨率。

1. 地图打印输出

打印输出首先需要设置打印机或者绘图机及其纸张尺寸,然后进行打印预览,最后打印输出硬拷贝地图。有时则需采用分幅打印或者强制订印两种方式打印。

(1) 地图分幅打印

① 在 ArcMap 窗口标准工具条中单击"File"菜单下的"Print Preview"命令,打开地图打印预览窗口。

② 单击"Print"按钮,打开"Print"对话框。

③ 确认打印机或绘图机型号,如果不正确,单击"Setup"进行设置。

④ 单击"Tile Map to Printer paper"(分幅打印)。

⑤ 在"Title from"对应的微调框设置分幅打印页码。

⑥ 在"Numbers of Copies"微调框输入打印份数。

⑦ 单击"OK"按钮,提交打印机打印。

(2) 地图强制打印

① 在 ArcMap 窗口标准工具条中单击"File"菜单下的"Print"命令,打开"Print"对话框。

② 选择强制按照打印机纸张大小打印:Scale map to fit printer。

③ 选中生成打印文件:Print to File。

④ 单击"OK"按纽执行上述打印设置,打开印出到文件对话框。

⑤ 确定打印文件目录与文件名。

⑥ 单击"保存"按钮,生成打印文件。

2. 地图转换输出

ArcMap 地图文档是 ArcGIS 系统的文件格式,不能脱离 ArcMap 环境来运行,但是 ArcMap 提供了多种输出文件格式,如 EMF、BMP、EPs、PDF、JPG、TIF 以及 GiF 等格式,转换以后的栅格或者矢量地图文件就可以在很多其他环境中应用了。

① 在 ArcMap 窗口标准工具条,单击"File"菜单下的"Export Map"命令,打开"Export"对话框。

② 确定输出文件目录、文件类型(JPEG),文件名称。

③ 单击"Options"按钮,展开"JPEG Options"对话框。

④ 进入"General"选项卡,在"Resolution"微调框设置输出图形分辨率为"300"。

⑤ 进入"Format"选项卡,单击"BackGround"按钮,确定输出图形背景颜色。

⑥ 按下左键拖动"Quality"滑动条,调整输出图形质量。

⑦ 单击"Color"下拉箭头,选择输出色彩类型。

⑧ 单击"保存"按钮,关闭"Export Map"对话框,输出栅格图形文件。

习　题　五

1. 如何制作铁路的线状符号,线宽 0.6 mm,线实虚部长均为 6 mm。

2. 如何制作红色底色,有黑色交叉网格线的面符号,网线间距 2 mm。

3. 根据所给数据,编制土地利用现状图。

4. 根据所给数据,制作包含两种专题地图表达方法的一幅地图,并完成版面设计、地图标注、地图整饰,使得该地图可以用来直接出版印刷。

第6章

空间分析的基本技术

空间分析是 GIS 的重要功能，也是 GIS 区别于一般信息系统的关键特征。空间分析是基于地理对象的位置和形态特征的空间数据分析技术，是借助计算机技术，利用特定的原理和算法，对空间数据进行操作、处理、分析、模拟、决策的功能，其目的在于提取和传输空间信息。空间分析是各类综合性地学分析模型的基础，为人们建立复杂的空间应用模型提供了基本工具。

6.1 矢量数据的空间分析

6.1.1 缓冲区分析

1. 缓冲区的含义

缓冲区是空间地理实体对邻近对象的影响范围或服务范围，通常根据实体的类别来确定这个范围，以便为某项分析或决策提供依据。具体是指在点、线、面实体的周围自动建立的一定宽度的多边形。

从数学的角度看，缓冲区分析就是基于已知空间目标（点、线、面）拓扑关系的距离分析，其基本思想是给定空间目标，确定它们的某个邻域，邻域的大小由邻域半径决定。

设有空间目标集 $O=\{O_i|i=1,2,\cdots,n\}$，其中，O_i 为其中一个空间目标。O_i 的缓冲区定义为

$$B_i=\{x:d(x,o_i)\leqslant d_i\}。$$

其中，$d(x,O_i)$ 为 x 与 O_i 之间的距离，通常为欧氏距离；d_i 为邻域半径或缓冲距。

对于空间目标集 $O=\{O_i|i=1,2,\cdots,n\}$，其缓冲区通常定义为

$$B=\bigcup_{i=1}^{n}B_i。$$

空间目标主要是点目标、线目标、面目标及由它们组织的复杂目标。因此，空间目标的缓冲区分析包括点目标缓冲区、线目标缓冲区、面目标缓冲区和复杂目标缓冲区。

从缓冲区的定义可见，点目标缓冲区是围绕该目标的半径为缓冲距的圆周所包围的区域（图 6.1(a)）；线目标的缓冲区是围绕该目标的两侧距离不超过缓冲距的点组成的带状区域（图 6.1(b)）；面目标的缓冲区是沿该目标边界线内侧或外侧距离不超过缓冲距的点组成的面状区域（图 6.1(c)）；复杂目标的缓冲区是由组成复杂目标的单个目标的缓冲区的并组成的区域。

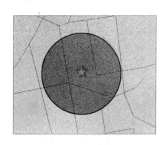
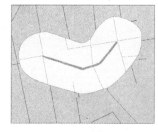
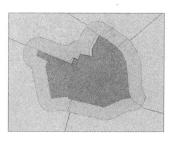

（a）点缓冲区　　　　　　　（b）线缓冲区　　　　　　　（c）面缓冲区

图 6.1　点、线和面状要素的缓冲区

2．建立缓冲区的算法

从原理上来说，缓冲区的建立相当简单，对点状要素直接以其为圆心，以要求的缓冲区距离大小为半径绘制圆，所包容的区域即为所要求区域；而线状要素和面状要素则比较复杂，它们缓冲区的建立是以线状要素或面状要素的边线为参考线，计算其平行线，并考虑其端点处建立的原则，建立缓冲区，但是在实际中处理起来要复杂得多，主要包括以下几种方法。

（1）角平分线法

该算法的实质是在线的两边根据一定的距离（缓冲距）求平行线，在线的首尾点作其垂线，并按缓冲区半径 r 截出左右边线的起止点，在其他的折点处，通过与该点相关联的两个相邻线段的平行线的交点来确定，如图 6.2 所示。

该方法的缺点是在折点处无法保证双线的等宽性，而且当折点处的夹角越大，d 的距离就越大，故而误差就越大，所以要有相应的补充判别方案来进行校正处理。

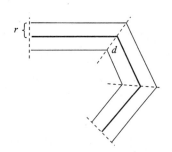
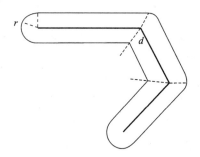

图 6.2　角平分线法　　　　　　　图 6.3　凸角圆弧法

（2）凸角圆弧法

该算法的原理是首先对边线做其平行线，然后在线状要素的首尾点处，作其垂线并按缓冲区半径 r 截出左右边线的起止点，然后以 r 为半径分别以首尾点为圆心，以垂线截出的起止点为圆的起点和终点作半圆弧；在其他的折点处，首先判断该点的凹凸性，在凸侧用圆弧弥合，在凹侧用与该点相关联的两个相邻线段的平行线的交点来确定，如图 6.3 所示。

该算法在理论上保证了等宽性，减少了异常情况发生的概率；该算法在计算机实现自动化时非常重要的一点是对凹凸点的判断，需要利用矢量的空间直角坐标系的方法来进行判断处理。

（3）复杂缓冲区的生成

对复杂曲线、曲面建立缓冲区时，经常会出现缓冲区重叠问题，这时需要通过对缓冲区边界求交，去除叠置部分或通过对缓冲区边界求交，对建立缓冲区所生成的图形进行判断，去除缓冲区内部边线，将缓冲区组成连通区。

3. ArcGIS 中缓冲区的生成

（1）使用 ArcToolbox 工具箱生成缓冲区

打开"ArcToolbox"工具箱，选择"Analysis Tools"→"Proximity"→"Buffer"工具（图6.4），即可打开"Buffer"工具栏，如图 6.5 所示，给定输入数据、输出数据、半径等相关参数，即可完成缓冲区的建立。

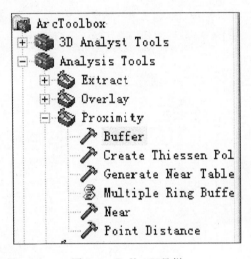

图 6.4　Buffer 工具栏

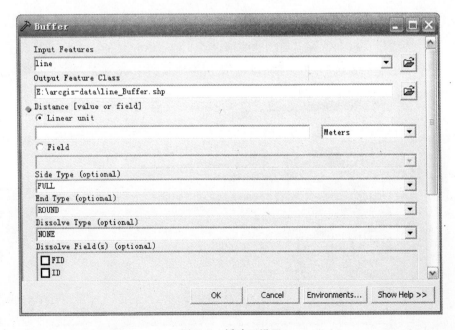

图 6.5　缓冲区设置

（2）使用缓冲区向导生成缓冲区

① 添加缓冲区向导到菜单中。在 ArcMap 中，选择"Tools"→"Customize"，在出现的对话框中，选择"Commands"选项卡。在左边的目录列表框中，选择"Tools"（工具）选项，在右边的列命令列表框中，选择"Buffer Wizard..."（缓冲区向导），并将该图标拖放到菜单"工具"中，或者拖放到一个已存在的工具栏上，即完成缓冲区向导的添加，如图6.6所示。

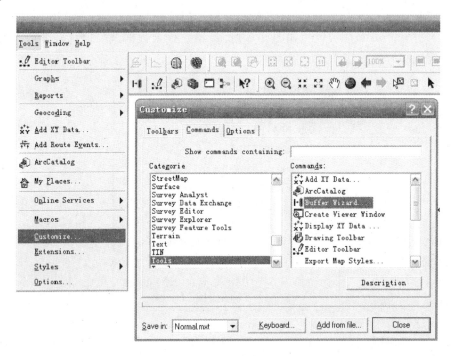

图 6.6　添加缓冲区向导到菜单中

② 创建要素缓冲区。打开需要创建缓冲区的文档，单击"缓冲区向导"图标，打开如图 6.7 所示的对话框，通过缓冲区向导，建立所选要素的 1000 米的缓冲区（图 6.8）。

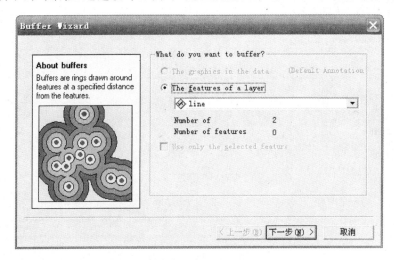

图 6.7　缓冲区向导对话框

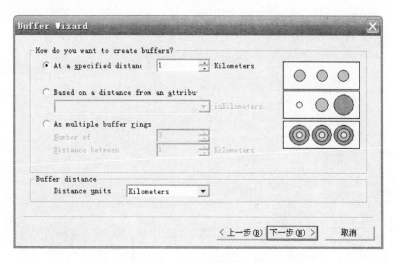

图 6.8　建立缓冲区

6.1.2　叠置分析

叠置分析是地理信息系统中一种基本的空间分析方法,它是指在统一空间坐标系下,将同一地区的两个或两个以上地理要素图层进行叠置,以产生空间区域的多重属性特征的分析方法。

根据叠置方式不同,叠置分析可分为视觉叠置和信息复合叠置,两者的区别在于视觉叠置不改变参加叠置的空间数据结构,也不形成新的空间数据,只给用户带来视觉效果;而信息复合叠置不仅要产生视觉效果,还要对参加叠置的多种空间数据在区域内进行重新组合,从而形成新的目标。例如,将一个区域的行政区域图和该区域的铁路分布图进行叠置,可以很直观地观察该区域的分布情况;如果进行视觉信息复合叠置,则不仅可以观察该区域铁路分布,还可以提取出每个行政区域内占有的铁路总长度。

叠置分析根据数据结构的不同,通常分为栅格数据叠置分析和矢量数据叠置分析。矢量叠置实质上是实现拓扑叠置,叠置后得到新的空间特性关系和非空间属性。栅格数据中,地理实体都是通过规则网格单元来表示的,栅格数据之间的叠加操作是通过逐个网格单元之间的运算来实现的,栅格叠置得到的是新的栅格图,此部分内容将在栅格数据的空间分析中加以详细讲解。从运算角度,叠置分析是两个或两个以上的地理要素图层进行空间逻辑的并、交、差运算。

矢量数据叠置分析是叠置分析的主要研究内容。矢量数据叠置分析的对象主要有点、线、面,它们之间的互相叠置组合可以产生 6 种不同的叠置分析形式,即点与点、点与线、点与面、线与线、线与面、面与面。

ArcGIS 中可以进行叠置分析的数据格式主要有 Coverage,Shapefile,Geodatabase 中的数据要素。叠置方法主要包括图层擦除、识别叠加、求交、图层合并、更新等方法,下面就以 Shapefile 为例进行介绍。

1. 图层擦除(Erase)

图层擦除是指输入图层根据擦除图层的范围大小,将擦除参照图层所覆盖的输入图层内的要素去除,最后得到剩余的输入图层的结果。从数学的空间逻辑运算角度来讲,即 $A-A\bigcap B$,具体表现如图 6.9 所示。

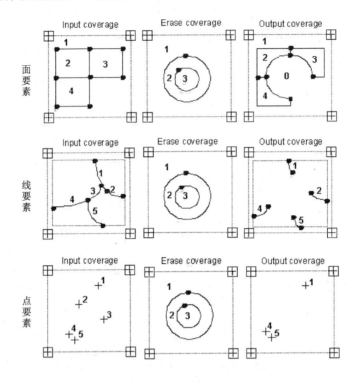

图 6.9　图层擦除的三种形式

在 ArcGIS 中实现以上操作,具体步骤如下:

① 打开 ArcMap 主界面,打开"Arctoolbox"工具箱,依次选择"Analyst Tools"→"Overlay"→"Erase",打开"Erase"对话框,如图 6.10 所示。

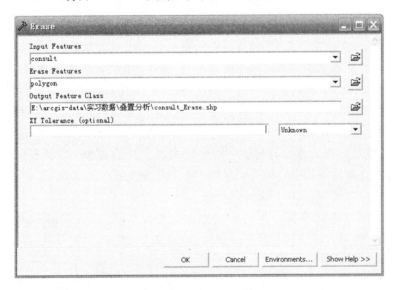

图 6.10　"Erase"对话框

② 在"Erase"对话框中,依次设置 Input Features(输入图层),Erase Features(擦除图层),Output Feature Class(输出图层)及容限值的相关参数,如需按照给定的大小进行输出,单击"Environments"(环境设置)按钮,可以对输入输出数据等相关参数进行设置。

③ 单击"OK"按钮,得到如图 6.11 所示的结果,图(a)中圆形为输入图层,矩形为擦除图层,图(b)为经过擦除后的图层数据。

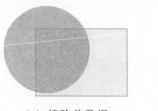

（a）擦除前数据　　　　　（b）擦除后数据

图 6.11　图层擦除

参照以上步骤,使用同样方法,可以实现线状要素和点状要素的擦除处理。

2. 识别叠加(Identity)

将输入图层和识别图层进行叠加,在图形交迭区域,识别图层的属性将赋给输入图层在该区域内的地图要素,同时也有部分图形变化,具体表现如图 6.12 所示。

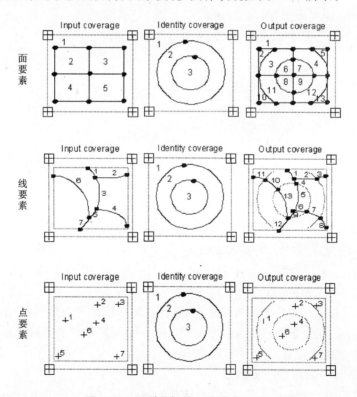

图 6.12　识别叠加的三种形式

在 ArcGIS 中具体操作步骤如下:

① 打开"Arctoolbox"工具箱，依次选择"Analyst Tools"→"Overlay"→"Identity"，打开"Identity"对话框，如图 6.13 所示。

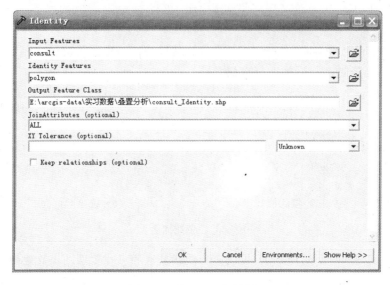

图 6.13 "Identity"对话框

② 依次设置 Input Features（输入图层），Identity Features（识别图层），Output Feature Class（输出图层）的相关参数。

③ 单击"OK"按钮，得到如图 6.14 所示的输出结果。

（a）识别前数据　　　　（b）识别后数据

图 6.14 图层识别

同样，对线状输入图层和点状输入图层在识别叠置操作后也能得到类似于上图的结果，这里就不再重复罗列。但要注意的是，在 ArcGIS 中，识别图层必须是多边形（面状）图层。

3. 图层求交（Intersect）

图层求交是得到两个图层的交集部分，并且原图层的所有属性将同时在得到的新图层中得以显示。在数学上表现为 $x \in A \cap B(A, B$ 分别是进行交集运算的两个图层）。点、线、面三种要素的求交过程如图 6.15 所示。

在 ArcGIS 中具体操作步骤如下：

① 打开"Arctoolbox"工具箱，依次选择"Analyst Tools"→"Overlay"→"Intersect"，打开"Intersect"对话框，如图 6.16 所示。

② 首先，给定 Input Features（输入图层），即进行相交运算的图层：单击 ➕ 按钮，添

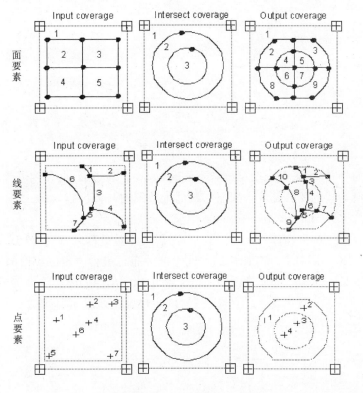

图 6.15　点、线、面求交举例

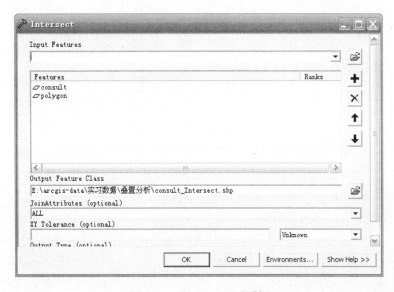

图 6.16　"Intersect"对话框

加图层;如果输入图层有误,单击 ✕ 按钮,可以删除图层;可以对输入图层顺序进行上下调整。其次,设置输出图层的路径及名称,同时在下方的 Join Attributes(属性字段)中选择需要进行连接的字段,设置相关参数。

③ 单击"OK"按钮,进行交集操作,输出结果如图 6.17 所示。

（a）求交前数据 　　　　　　（b）求交后数据

图 6.17　图层求交

需要注意的是,当输入几个图层维数不同时(如线和多边形,点和多边形,点和线),输出的结果的几何类型也就会是输入图层的最低维数据的几何形态。

4. 均匀差值(Symmetrical difference)

在矢量的叠置分析中,有时为了得到两个图层的不重叠部分,即去掉公共部分而留下的部分(图 6.18(b)),同时对原有图层的空间上的分布也进行一定区域内的调整,新生成的图层的属性也是综合两者的属性而产生的。利用数学的空间逻辑运算的方式表示就是 $x \in (A \cup B - A \cap B)$($A, B$ 为输入的两个图层)。图解表示如图 6.18 所示。

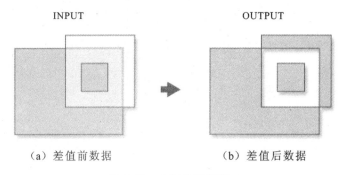

INPUT　　　　　　　　　　　　　　OUTPUT

（a）差值前数据 　　　　　　（b）差值后数据

图 6.18　均匀差值图解

这里值得注意的是,在 ArcGIS 中,在均匀差值操作时,无论是输入图层或差值图层都必须是多边形图层。虽然在理论上,点和线与其依然可以进行此类叠置分析,但从层面的角度来考虑,不同维数的几何形态(如线和多边形)进行均匀差值的叠置分析,最后得到同一层面内会存在不同的几何形态,如一部分是多边形而另一部分是线的情况,即一种层面出现两种形态,故而在 ArcGIS 规定了只能对多边形进行此类操作。

在 ArcGIS 中进行均匀差值步骤如下:

① 打开"Arctoolbox"工具箱,依次选择"Analyst Tools"→"Overlay"→"Symmetrical Difference",打开如图 6.19 所示的对话框。

② 依次对 Input Features(输入图层),Update Features(参照的差值图层),输出图层的 Output Feature Class(路径和名称),Join Attributes(属性字段)进行设置。

③ 单击"OK"按钮,进行均匀差值运算,输出结果如图 6.20 所示。

在图层均匀差值运算中,在对几何数据进行运算的同时,对原有图层的属性值字段也进行了操作,将差值图层的属性添加在输入图层的后面,并给予赋零操作。而原有的差值图层添加到输入图层的一部分图形只保留了原有的差值图层的属性,其他的属性为零。

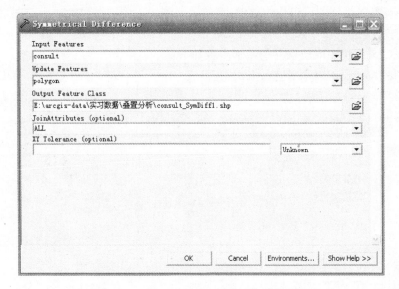

图 6.19 "Symmetrical Difference"对话框

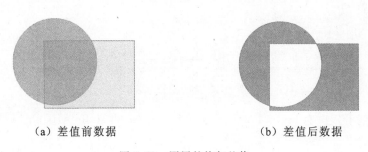

（a）差值前数据　　　　　　　　（b）差值后数据

图 6.20　图层的均匀差值

5. 图层合并(Union)

图层合并是通过把两个图层的区域范围联合起来而保持来自输入地图和叠加地图的所有地图要素。在布尔运算上用的是 or 关键字，即输入图层 or 叠加图层，因此输出的图层应该对应于输入图层或叠加图层或两者的叠加的范围。在图层合并的同时要求两个图层的几何特性必须全部是多边形。图层合并将原来的多边形要素分割成新要素，新要素综合了原来两层或多层的属性，具体表现如图 6.21 所示。

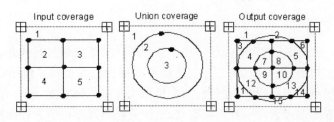

图 6.21　图层合并

图层合并的结果通常就是把一个多边形按另一个多边形的空间格局分布几何求交而划分成多个多边形，进行属性分配过程中将输入图层对象的属性拷贝到新对象的属性表

中,或把输入图层对象的标识作为外键,直接关联到输入图层的属性表中。图层合并从数学角度来表示就是$\{x|x\in A\cup B\}$(其中,A,B为输入的两个图层)。

在 ArcGIS 中实现图层合并的基本步骤如下:

① 打开"Arctoolbox"工具箱,依次选择"Analyst Tools"→"Overlay"→"Union",打开如图 6.22 所示的对话框。

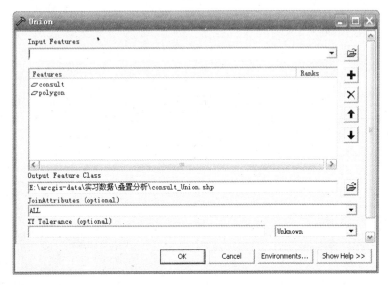

图 6.22 "Union"对话框

② 从上到下依次对 Input Features,Output Features,Join Attributes 等进行相关参数的设置。

③ 单击"OK"按钮,进行图层合并操作,输出结果如图 6.23 所示。

（a）合并前数据 　　　　　　　（b）合并后数据

图 6.23　图层的合并

理想状态下,矢量图层的合并操作应用于各种形式矢量图形进行合并,而不应该仅仅局限于多边形与多边形、线与线、点与点之间都可以进行合并操作。但是,由于不同维数的要素,如点与线、点与面、线与面在目前的文件格式及操作形式上,还没有能力将他们作为同一大类的要素形态而放在一起进行研究,故而只能对同维形态进行图层合并,如点与点、线与线以及面与面,在现实中最常用的是多边形与多边形的合并分析。

6. 图层更新（Update）

图层更新是指对输入的图层和修正图层进行几何相交的计算。输入图层被修改图层覆盖的那一部分的属性将被修正图层所代替。如果两个图层均为多边形要素,两个图层进行合并,则重叠部分将被修正图层所代替,而输入图层的那一部分将被擦去。其主要是利用空间格局分布关系来对空间实体的属性进行重新赋值,可以将一定区域内事物的属性进行集体操作赋值,从地学意义上讲,就是建立了空间框架格局关系和属性值之间的一个间接的联系。在 ArcGIS 中,根据更新图层是否包含边界,图层更新可分为保留边界的更新和不保留边界的更新两种形式,其表现形式如图 6.24 所示。

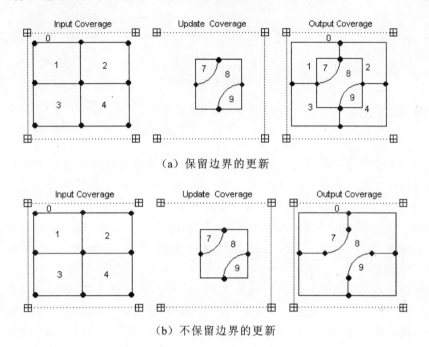

（a）保留边界的更新

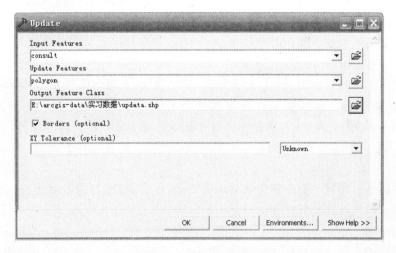

（b）不保留边界的更新

图 6.24　图层要素的更新

在 ArcGIS 中实现图层更新的步骤为:

① 打开"Arctoolbox"工具箱,依次选择"Analyst Tools"→"Overlay"→"Update",打开如图 6.25 所示的对话框。

图 6.25　"Update"对话框

② 输入需要进行操作的输入图层(Input Features),选择修正更新图层(Update Feature),输入要输出的文件的路径和名称(Output Feature Class),在下面的边界(Borders)上可以选择在两个图形相交的地方是否有边界的存在,设置环境等参数。

③ 单击"OK"按钮,进行图层更新操作,输出结果如图 6.26 所示。

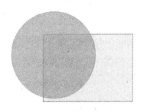  

(a) 更新前数据   (b) 保留边界的输出结果   (c) 无边界的输出结果

图 6.26 图层的更新

在叠置分析中最常见的误差是破碎多边形,主要是输入的地图在边界部分相交时,由于部分重叠而产生的非常细小的多边形。此时,就需要设置一定的容错量来消除这种细小多边形,即上述各个对话框中的容限值(Cluster Tolerance)。

另外,在 ArcGIS 中除了 Shapefile 之外,也可以对 Geodatabse 和 Coverage 图层进行叠置分析,操作基本上一致,需要注意的是必须安装了 ArcGIS Workstation 才能对 Coverage 格式的进行叠置分析。

矢量数据的空间叠置分析虽然远远要多于以上所说的 6 种方式,但是将它们逐个细化,离不开这 6 种基本方式,也就是说,这些就是组成矢量空间分析的最基本的小元素,但是实际中空间分析还远远不是几个小元素组件就可以实现其操作的,需要根据实际情况选择合适的方法。

6.2 栅格数据的空间分析

栅格数据结构简单、直观,非常利于计算机操作和处理,是 GIS 常用的空间基础数据格式。与基于点、线和多边形几何对象的矢量数据分析形成对照,栅格数据分析是基于单元和格网。栅格数据分析能在每个单元、单元组或整个格网单元的不同层次上进行。栅格数据分析中着重考虑单元数值类型。

栅格数据的空间分析主要包括距离制图、密度制图、表面生成与分析、单元统计、领域统计、分类区统计、重分类、栅格计算等功能。ArcGIS 提供了栅格数据空间分析模块(Spatial Analyst)的工具集,实现各种栅格数据的空间分析操作。

6.2.1 距离制图

距离制图是根据每一栅格相距其最邻近要素(也称为"源")的距离进行分析制图,从而反映出每一栅格与其最邻近源的相互关系。

1. 基本概念

"源"是距离分析中的目标或目的地,如学校、商场、公园等。在空间分析中,用来参与计算的源一般为栅格数据,源所处的栅格赋予源的相应值,其他栅格没有值。如果源是矢量数据则需要转化为栅格数据。距离分析则是计算一定区域内的栅格单元到源的距离。

"成本"是到达目标或目的地的花费,包括金钱、时间等。影响成本的因素可以有一个,也可以有多个。在 ArcGIS 中,距离区分为成本距离、直线距离及表面距离(见图 6.27)。距离分析主要包括 Straight Line(直线距离函数),Allocation(分配函数),Cost Weighted(成本距离加权函数)及 Shortest Path(最短路径函数)四个部分(图 6.28)。

图 6.27 ArcGIS 中的距离分类   图 6.28 ArcGIS 中的距离分析

2. 直线距离

直线距离主要用来计算每个栅格与最近源之间的欧氏距离,并根据距离远近进行分级。利用直线距离功能可以实现空气污染影响度分析、最邻近学校与超市等。分析过程如下:

① 在"Spatial Analyst"下拉菜单中选择"Distance",打开 Straight Line 对话框(图 6.29)。

② 在"Distance to"栏的下拉菜单中选择需要测算距离的图层。

③ 在"Maximum distance"栏中输入一个最大距离,则计算值在此距离范围内进行,此距离以外的地方被赋予空值;如未给定,则计算在整个图层范围内进行。

④ 在"Output cell size"栏中指定输出结果的栅格单元大小。

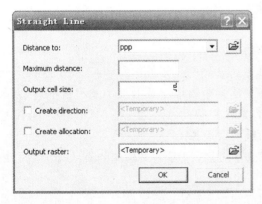

图 6.29 "Straight Line"对话框   图 6.30 直线分配数据

⑤ 选择"Create direction"复选框,则生成相应的直线分配数据,如图 6.30 所示。

⑥ 选择"Create allocation"复选框,则生成相应的直线方向数据,如图 6.31 所示。
⑦ 在"Output raster"栏中设置输出结果文件名。

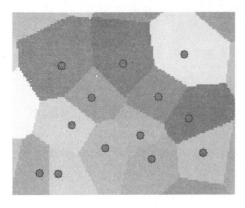 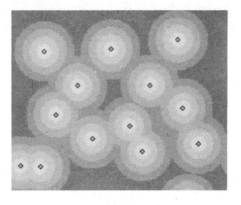

图 6.31　直线分配数据　　　　　　　　　　图 6.32　直线距离数据

⑧ 单击"OK"按钮,则生成每一位置到其最近源的直线距离图,如图 6.32 所示。

3. 分配函数

分配功能依据最近距离来计算每个格网点归属于哪个源,也就是将所有栅格单元分配给离其最近的源,输出格网的值被赋予了其归属源的值。给定分配单元的源图层及分配单元,即可生成相应的分配数据(见图 6.33)。

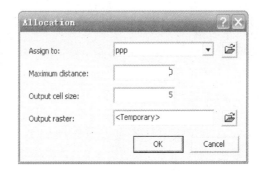

图 6.33　分配功能对话框

4. 成本距离加权

通过成本距离加权功能可以计算出每个栅格到距离最近、成本最低源的最少累加成本。在成本距离加权功能的实现中还可同时生成另外两个相关输出,即基于成本的方向数据和分配数据。成本数据只是表示了每一个单元距离最近源的最小累积成本,而方向数据则表示了从每一单元出发,沿着最低累计成本路径到达最近源的路线方向。分配数据通过对整个区域的划分表示了每个栅格所属的最近源。

在 ArcGIS 中,给定作为源的图层,加载成本数据,即可生成相应的直线分配数据或直线方向数据(图 6.34)。

图 6.35 为方向数据,它表示了从每一单元出发,沿着最低累计成本路径到达最近点的路线方向。图 6.36 为分配数据,它将每个栅格分配到离它最近的点。从图中可以看出,由于成本距离加权函数不只考虑到距离的影响,还考虑到某种成本的影响,所以基于

成本距离加权函数的分配数据没有基于直线距离函数的分配数据分配边界光滑。图6.37
则表示了每一栅格到其最近点的累积成本。

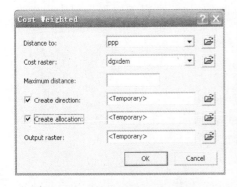

图 6.34　成本距离加权对话框

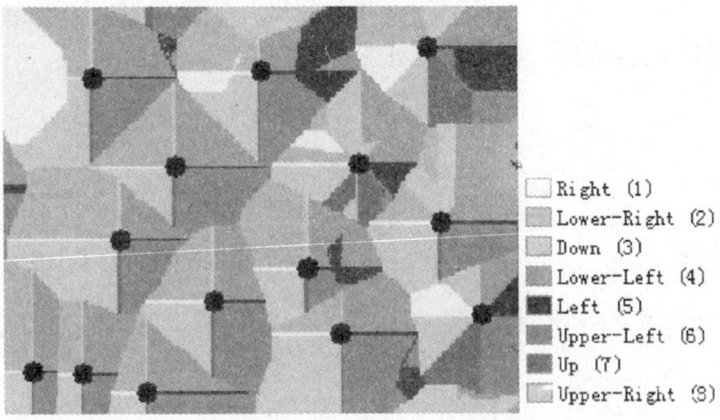

图 6.35　成本方向数据

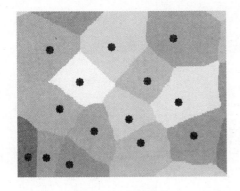

图 6.36　分配数据

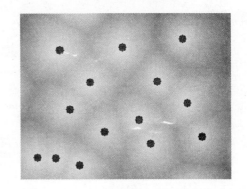

图 6.37　成本累计数据

5. 最短路径

最短路径功能主要用来计算并显示从目标点到源的最短路径或最小成本路径。利用这
一函数可以找到基于可通达性考虑得到最好的路线，或找出从居民地到达超市的最优路径。

最短路径的计算过程中，出发地可以是点要素，也可以是区域要素（图6.38）。所以
存在三种最短路径计算方法：寻找每个区域中每个栅格单元的最短路径（For Each
Cell）；寻找每个区域的一条最近成本路径（For Each Zone）；在所有的区域中寻找一条成
本最低路径（For Each ZoneBest Single）。

图 6.38　最短路径对话框

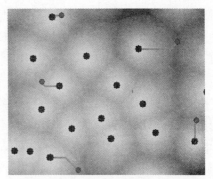

图 6.39　出发点到目标点的最短路径

最短路径的寻找,首先需要获取成本数据,其次执行成本加权距离函数,获取成本方向数据(图6.35)和成本累计数据(图6.37),最后通过执行最短路径功能获取最短或最优路径。给定目标层数据、成本距离加权数据、成本方向数据,即可得到以目标层为出发点到最近点的最短路径(图6.39)。

6.2.2 重分类

重分类即基于原有数值,重新进行分类整理从而得到一组新值并输出。根据用户的不同需要,重分类一般包括四种基本类型:用一组新值取代原来值、将原值重新组合分类、重新指定分类体系对原始值进行分类及为指定值设置空值。

1. 新值取代原值

在ArcGIS中,选择"Spatial Analyst"→"Reclassify"(图6.40),打开重分类对话框(图6.41),给定输入的栅格数据,在New Value(新变量)中确定需要改变数值的位置,键入新值即可实现。

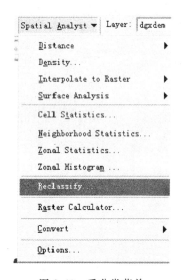

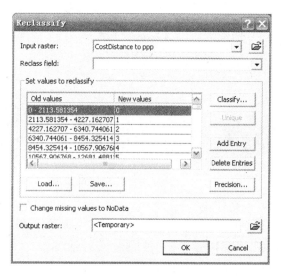

图6.40　重分类菜单　　　　　　　　图6.41　用一组新值取代原值

2. 重新组合分类

在数据操作中,经常需要将一些具有共性的事物合并为一类,如旱地、水田、菜地等均为耕地,这就需要利用重分类对原有数据进行组织。在重分类对话框中,选择需要重新组织的要素,单击鼠标右键,选择"Group Entries"(见图6.42),给新组合成的数据赋予新值即可。

3. 重新指定分类体系

在数据使用过程中,经常需要将原始数据利用一种新的等级体系进行分类。例如,需要根据坡度、土壤的酸碱度等来决定哪些地适宜于用作耕作。在重分类对话框中,选择"Classify"按钮,弹出重新指定分类对话框(见图6.43),主要包括手工分类(Manual)、等间距分类(Equal Interval)、自定义间距分类(Defined Interval)、分位数分类(Quantile)、自然间距分类(Natural Breaks)、标准差分类(Standard Deviation)。根据需

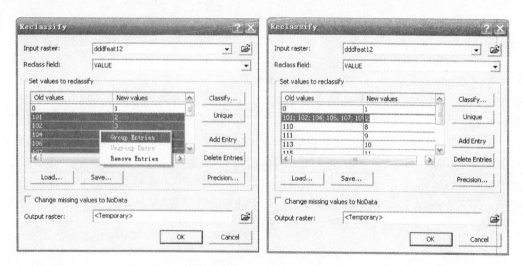

图 6.42　重分类组合对话框

要选择相应的分类,并在"Classes"栏中选择重分类的类别数目,即可完成给定数据的重新分类。

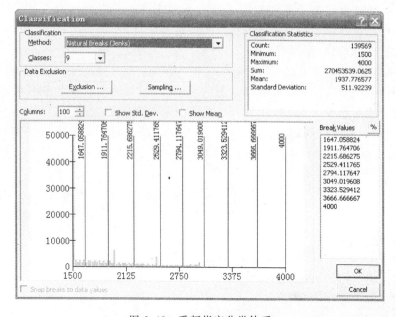

图 6.43　重新指定分类体系

4. 指定空值

有时需要对栅格数据中的某些值设置空值来控制栅格计算。在重分类对话框中,选择要进行空值设置的值,单击"Delete Entries"按钮即可实现相应操作。

除了以上分析之外,还可以对现有栅格进行栅格计算、面积制表、分析统计、栅格单元统计等操作,在"Spatial Analyst"菜单中均以列出,读者可以参考以上操作,根据实际需要,选择不同的方法对栅格数据进行处理。

6.3 三维分析

ArcGIS 的 3D Analyst 扩展模块为三维可视化、三维分析以及表面生成提供高级分析功能,可以用它来创建动态三维模型和交互式地图,从而更好地实现地理数据的可视化和分析处理。

ArcScene 是 ArcGIS 三维分析模块 3D Analyst 所提供的一个三维场景工具,它可以更加高效地管理三维 GIS 数据、进行三维分析、创建三维要素以及建立具有三维场景属性的图层。ArcGlobe 模型从全球的角度显示数据,无缝、快速地得到无限量的虚拟地理信息。ArcGlobe 能够智能化地处理栅格、矢量和地形数据集,从区域尺度到全球尺度来显示数据,超越了传统的二维制图。

6.3.1 表面生成

表面是一个连续的值域,其变化可能涉及无数个点。例如,地球表面某区域的点,其变化可能涉及高程、要素的相似性或者某化学物质的浓度等。这些值可以在三维的 $x, y,$ z 坐标系统中用 z 轴进行表示,一般被称为 z 值。连续的 z 值可以在一定范围内构成连续的表面。由于表面包含了无数个点,所以一般情况下不可能对所有点的 z 值进行度量和记录。表面模型通过对表面上不同位置的点进行采样,进而对采样点进行插值生成表面,对表面进行近似的拟合。

在 ArcGIS 中,用户可以使用 3D Analyst 扩展模块通过规则空间格网(栅格模型)和不规则空间格网(TIN 模型)两种形式进行表面的生成,从而对真实的或者假想的表面进行操作。创建表面模型主要有插值法与三角测量法两种方法。同时,用户可以选择多种插值方法,包括距离加权倒数法、样条插值法、克里格法与自然近邻插值法等。还可以通过创建 TIN 或者向现有 TIN 中添加要素的方法创建三角网表面。TIN 和栅格表面模型之间可以进行相互转换。

在 ArcGIS 中,栅格模型一般使用采样值或者内插值位置的规则网格表示表面。TIN 模型通过一组不规则点连接组成的三角网来模拟表面,其 z 值存储在三角网的节点中。

栅格表面通常存储在格网(Grid)格式中。格网由一组大小均一、具有 z 值的矩形单元组成。栅格单元越小,格网表示的信息的空间精度越高(图 6.44),下文将就 TIN 表面的创建进行详细的论述。

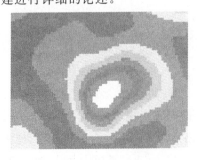

(a) 高精度格网

(b) 低精度格网

图 6.44 精度不同的格网

6.3.2 创建 TIN 表面

1. 使用矢量数据创建 TIN

在 ArcGIS 中,TIN 一般是通过多种矢量数据源来创建的,可以用点、线、多边形要素作为创建 TIN 的数据源。

(1) 创建 TIN 表面

① 选择"3D Analyst"模块下的"Create TIN From Features"(由要素创建 TIN)命令,如图 6.45 所示。

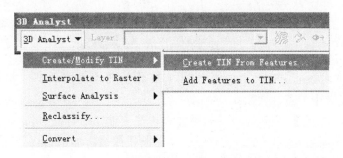

图 6.45　由矢量要素创建 TIN 命令

② 在打开的对话框中选择创建 TIN 所需的要素图层。选择所需的其他要素类。

③ 对所选要素类进行下列操作:为具有三维几何特征的要素类选择几何字段;选择高程字段(Height source);选择要素合成方式,包括点集、隔断线或多边形(Triangulate as);如果需要以要素的值来标记 TIN 要素,还需选择标志值字段(Tag value field),如图 6.46 所示。

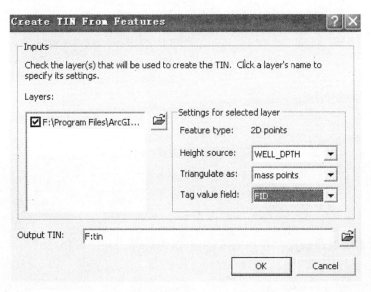

图 6.46　"Create TIN From Features"对话框

④ 在"Output TIN"栏中设置输出路径和名称,单击"OK"按钮完成此操作。

（2）向 TIN 中添加要素

① 选择"3D Analyst"模块下的"Add Features to TIN"（向 TIN 中添加要素）命令（图 6.47），打开"Add Features to TIN"对话框，如图 6.48 所示。

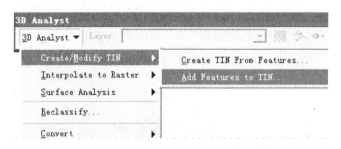

图 6.47　打开向 TIN 中添加要素命令

② 在打开的对话框中选择需要添加到 TIN 中的要素图层和其他要素类，也可以是某要素类中已经选中的若干要素。

③ 对每个要素类进行下列操作：如果要素具有三维几何特征，可选择 shape 字段；选择高程字段；选择要素合成的方式，包括点集、隔断线或多边形；如果需要以要素值来标记 TIN 要素，还需选择标志值字段，如图 6.48 所示。

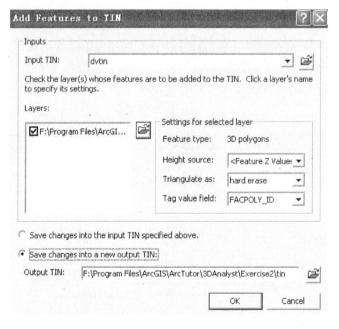

图 6.48　"Add Features to TIN"

④ 最后，将所做改动保存在原始 TIN 中或者另存为新的 TIN 文件，单击"OK"按钮完成此操作。

2. 使用栅格创建 TIN

如果需要将栅格表面转换成 TIN 表，可以向原来的栅格中添加以前没有的要素对表面模型进行改进。需要注意的是，在转换时必须指定输出 TIN 的垂直精度。在 ArcGIS 中具体操作如下：

① 选择"3D Analyst"模块下的"Raster to TIN"(由栅格向 TIN 转换)命令(图6.49)，打开"Convert Raster to TIN"对话框，如图 6.50 所示。

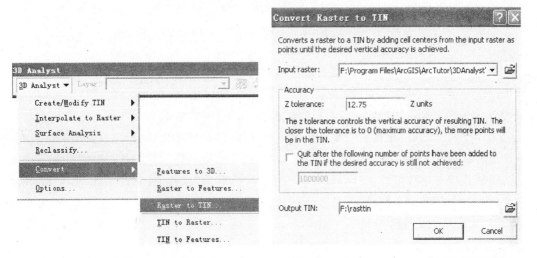

图 6.49　由栅格向 TIN 转换命令　　　图 6.50　"Convert Raster to TIN"对话框

② 选择栅格图层，设定 TIN 的垂直精度(Z tolerance)。垂直精度指输入栅格单元中心的高程与 TIN 表面间的最大差值。垂直精度的值越小，生成的 TIN 将越好地保持原有栅格表面的详尽程度；垂直精度的值越大，生成的表面越粗略。

③ 设置输出路径和文件名，单击"OK"按钮完成此操作。

3. 从 TIN 中创建栅格表面

在 ArcGIS 中，有时需要将 TIN 转换成栅格表面或者需要从 TIN 中提取坡度、坡向等地形要素。在 ArcGIS 中具体操作步骤如下。

① 选择"3D Analyst"扩展模块下的"TIN to Raster"(将 TIN 转换为栅格)命令(图6.51)，打开"Convert TIN to Raster"对话框，如图 6.52 所示。

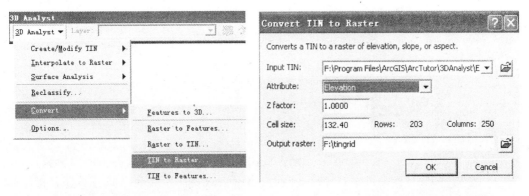

图 6.51　TIN 转换成栅格命令　　　图 6.52　"Convert TIN to Raster"对话框

② 选择 TIN 图层。

③ 选择要转到栅格中的 TIN 属性，可以是高程、坡向、以度为单位的坡度和以百分数为单位的坡度。

④ 设置高程转换系数(高程系数系指当高程坐标单位与平面坐标单位不一致时,将高程坐标单位转换到平面坐标单位时的常量)和输出栅格单元的大小;最后指定输出栅格的路径及文件名即可。

6.3.3 表面分析

表面是包含无数点的区域,通常蕴含了丰富的信息。通过对表面进行简单的视觉浏览可以从总体上了解整个表面或对表面上某个感兴趣的区域进行研究。同时,可以为需要进行一些更为复杂的分析,如两点之间的通视性分析,计算表面的坡度信息等。

表面创建好之后,通常可用来进行进一步分析,包括可视化增强,如设置阴影地貌的,或者进行诸如从一个特定的位置或路径设置可视化的更高级别的分析。三维分析还提供将表面转换成矢量数据的工具,以便与其他矢量数据一起进行分析。常用的 ArcGIS 表面分析工具包括坡度工具、坡向工具、山阴影工具、曲率工具、视域工具、视线工具、表面长度工具、体积工具、创建等高线工具等。以下介绍几种常用的表面分析方法及其操作过程。

1. 坡度计算

坡度表示表面上某个位置的最陡的倾斜度。计算坡度时,将对 TIN 中的每个三角面或栅格中的每个单元进行计算。对于 TIN 而言,坡度是各个三角面之间最大的高程变化率;对于栅格而言,坡度是每个栅格单元与其相邻的 8 个栅格单元中最大的高程变化率。坡度以度(°)度量,范围为 0°～90°。在 ArcGIS 中计算坡度的具体操作如下:

① 在"3D Analyst"扩展模块中依次选择"Surface Analysis"(表面分析)→"Slope"(坡度工具),如图 6.53 所示,弹出如图 6.54 所示的对话框。

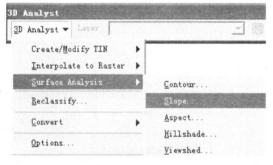
图 6.53 打开"Slope"命令

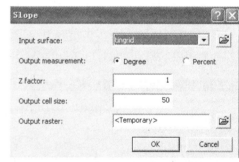
图 6.54 "Slope"对话框

② 添加表面数据。

③ 在"Output measurement"栏中选择坡度单位 Degree(度)或 Percent(百分数)。

④ 在"Z factor"栏中设定高程转换系数(当输入数据所定义的空间参考具有高程单位时,自动进行转换计算)。

⑤ 在"Output cell size"栏中指定输出图的栅格单元大小。

⑥ 在"Output raster"栏中设置输出路径和文件名。单击"OK"按钮完成此操作。

图 6.55 为某区域 TIN 表面和通过这个表面计算所得的坡度栅格图。

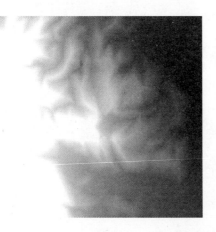

图 6.55 TIN 表面及计算所得的坡度栅格图

2. 坡向计算

坡向定义为坡面法线在水平面上的投影与正北方向的夹角，在 ArcGIS 中坡向表示每个栅格与它相邻的栅格之间沿坡面向下最陡的方向。在输出的坡向数据中，坡向值有如下规定：正北方向为 0 度，正东方向为 90 度，正南为 180 度，正西为 270 度，如图 6.56 所示。

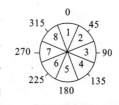

图 6.56 角度方位图

在实际应用中坡向计算可以解决以下实际问题：找出某个山区所有北向的山坡，用来寻找最适合滑雪的坡；计算某个地区各处的太阳照射情况，以研究各点的生命的多样性；找出某山区所有南向的坡，确定最先溶雪的地点，用于研究找出可能遭遇雪水袭击的居住地的地点；确定平坦地区，找出可以在紧急状况下供飞机降落的地点等。在 ArcGIS 中具体操作步骤如下：

① 在"3D Analyst"扩展模块中依次选择"Surface Analysis"（表面分析）→"Aspect"（坡向工具），如图 6.57 所示，弹出如图 6.58 所示的对话框。

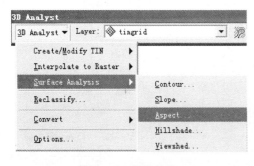

图 6.57 计算坡度

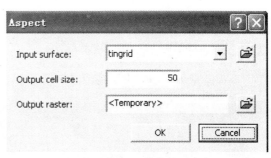

图 6.58 "Aspect"对话框

② 在"Input surface"栏中输入表面数据。

③ 在"Output cell size"栏中指定输出栅格单元大小。

④ 在"Output raster"栏中指定输出路径和文件名，单击"OK"按钮实现以上操作。图 6.59 为通过计算所得的坡向栅格图。

图 6.59 坡向栅格图像

3. 提取等值线

等值线是连接等值点的线,如高程、温度、降雨、污染程度或者气压等值。等值线的分布显示了这些值在表面上变化的情况。在值变化比较小的位置,等值线的分布就比较稀疏;在值变化比较大的位置,等值线的分布就比较紧凑。在 ArcGIS 中栅格数据等值线的提取步骤如下:

① 在"3D Analyst"扩展模块中依次选择"Surface Analysis"(表面分析)→"Contour"(等值线),如图 6.60 所示,弹出如图 6.61 所示的对话框。

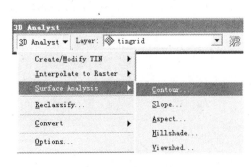

图 6.60 等值线的转换

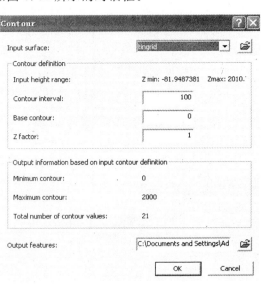

图 6.61 "Contour"对话框

② 选择用来生成等值线(等高线)的栅格数据。

③ 在"Contour interval"文本框中设置等高距。

④ 在"Base contour"文本框中指定等高线的基准高。

⑤ 在"Z factor"文本框中设定高程变化系数。

⑥ 在"Output features"中输入结果文件的存储路径和名称。

⑦ 单击"OK"按钮完成以上操作。图 6.62 为通过栅格数据提取的等值线。

图 6.62　等值线提取结果

4. 可视性分析

可视性分析实质上属于对地形进行最优化处理的范畴。例如设置雷达站、电视台的发射站、道路选择、航海导航、移动电话基站选址等,在军事上如布设阵地(炮兵阵地、电子对抗阵地)、设置观察哨所、铺架通信线路等。

在 ArcGIS 中有两种方法进行可视性分析:一种是通视性分析(Line of sight),通过此功能可以显示两点之间的通视情况,从而判断从一个观察点是否可以看到目标物,回答了"从这里我可以看到哪个目标?"的问题;另一种是可视域分析(Viewshed Analysis),确定了从一个或多个观察点可以观测到的区域,回答了"从这里我可以看到什么?"的问题。

在 ArcGIS 中进行可视性分析的具体操作步骤如下:

（1）通视性分析

通视线是表面上两点之间的图形线,它表示沿着线的视线在哪些地方会被阻挡,通视线的颜色表示表面上可见的部分与隐藏的部分,其状态条表示目标可见或不可见。

① 在"3D Analyst"工具条上,单击"Create Line of Sight"按钮 ● （图 6.63）,打开如图 6.64 所示的对话框。

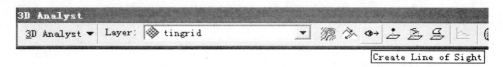

图 6.63　创建通视线

② 在"Observer offset"栏中输入观测点偏移量。

③ 在"Target offset"栏中输入目标偏移量。

④ 在表面上单击鼠标左键确定观察者位置,然后单击目标位置。出现视线瞄准线,红色(深色)为不可视,绿色(浅色)为可视。如图 6.65 表示观察点到不同目标点的通视性。

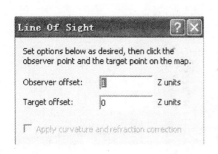

图 6.64　"Line of Sight"对话框

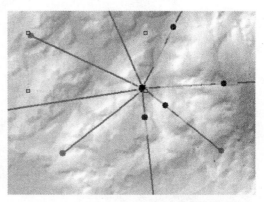

图 6.65　观察点到不同目标点的通视性

（2）可视域分析

在 ArcGIS 中，Viewshed 工具允许用户找出可以被一个或多个观察点（线）观测到的位置。如果输入线状观察者，那么观测点在线的节点处出现。Viewshed 工具创建一个栅格图，其栅格单元值表示该栅格对观测者是否是可见的。如果有多个观测者，那么每个可见的栅格单元值就表示可以看到该栅格单元的观测点数量。输入表面可以是栅格，也可以是 TIN。具体计算步骤如下：

① 在"3D Analyst"扩展模块中选择"Surface Analysis"（表面分析）→"Viewshed"（视场工具），如图 6.66 所示，弹出如图 6.67 所示的对话框。

② 在"Input suface"中选择用于计算视域的输入表面。

③ 在"Observer points"中选择用于观察点的要素图层。

④ 指定 Z 因子，缺省值为"1"。如果输入的表面有一个空间参考系，其中定义了 Z 轴单位，Z 因子就可以自动地计算得到。

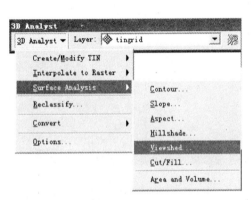

图 6.66　打开视场工具

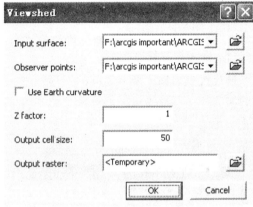

图 6.67　"Viewshed"对话框

⑤ 在"Output cell size"栏中指定输出栅格单元的大小。

⑥ 在"Output raster"栏中指定输出栅格的名称或者使用缺省值，在工作目录下创建一个临时数据集。

⑦ 单击"OK"按钮完成操作。图 6.68 为通过计算得到的视场示意图。

Not Visible
Visible

图 6.68　视场示意图

5. 计算山影

山影(山体阴影)是分析或模拟地面的光照情况,产生地形表面的阴影图。ArcGIS 中 Hillshade 可测定研究区域中给定位置的太阳光强度和光照时间,并且对实际地面进行逼真的立体显示,增强地面的起伏感。计算山影需要给定太阳方位角和太阳高度角。

太阳方位角是用来表示太阳方向的角度,从正北方向开始按照顺时针方向从 0 度到 360 度变化。90 度的方位角为正东方向,缺省的方位角为 315 度(西北方向),如图 6.69 所示。

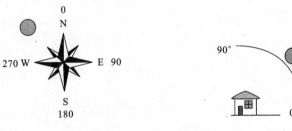

图 6.69　太阳方位角　　　　　　图 6.70　太阳高度角

太阳高度角指假想的光源与水平面所成的坡度或者夹角。单位为度,从 0 度(在水平线上)到 90 度(头顶上)。默认值是 45 度,如图 6.70 所示。

在 ArcGIS 中,缺省状态下,阴影与光源产生的灰度表面的整数值变化从 0～255,即从黑色到白色渐变增加。在 ArcGIS 中计算山影的具体操作步骤如下:

① 在"3D Analyst"扩展模块中选择"Surface Analysis"(表面分析)→"Hillshade"(阴影工具),如图 6.71 所示,弹出如图 6.72 所示的对话框。

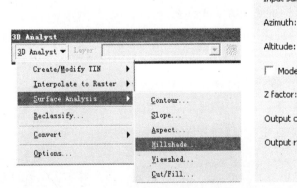

图 6.71　计算山影工具

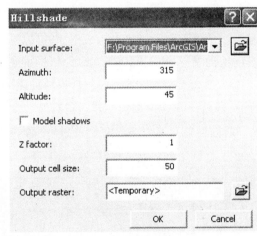

图 6.72　"Hillshade"对话框

② 在"Input surface"栏中添加需要生成山影栅格图的表面。

③ 在"Azimuth"栏中指定需要的方位角,缺省值为"315"度。

④ 在"Altitude"栏中指定高度角,缺省值为"45"度。

⑤ 选中"Model shadows"复选框,表示需要将周围栅格单元的阴影效果表现出来。处于其他栅格单元阴影中的栅格单元将被赋值为 0。

⑥ 指定 Z 因子,缺省值为"1"。如果输入表面有一个空间参考系,其中定义了 Z 轴单位,Z 因子就可以自动地计算得到。

⑦ 在"Output cell size"栏中指定输出栅格单元的大小。

⑧ 在"Output raster"栏中指定输出栅格的名称。

⑨ 单击"OK"按钮完成此操作。图 6.73 为通过计算所得的山影示意图。

图 6.73　山影示意图

6.3.4　三维可视化

在三维场景中浏览数据能够得到更真实和直观的效果。三维浏览可以提供同一数据在平面图中看不到的一些东西。例如,可以真实地看到山谷,并且可以分辨出谷底和山脊在高度上的差异,而不用从等高线的结构推断山谷是否存在。

ArcScene 是 ArcGIS 三维分析模块的主要扩展模块之一,通过在 3D Analyst 工具条中单击 ⬛(ArcScene)按钮打开。它具有管理 3D GIS 数据、进行 3D 分析、编辑 3D 要素、创建 3D 图层以及把二维数据生成 3D 要素等功能。

首先介绍几个常用的按钮进：✥(navigate)——导航、✔(fly)——飞行、🔍(zoom in/out)——自由缩放、✥ 🔍 ✥——重新定位目标/观察点。

1. GIS 数据三维显示

① 在 ArcScene 中执行"Tools"(工具)——"Extensions"(扩展)命令,选中并添加 3D Analyst 扩展模块,在 ArcScene 中单击 ✚ 按钮,添加数据(Mass Points、Domain、Mesh、Domain_poly、dtm_tin)到当前场景中(图 6.74)。

② 关闭图层 dtm_tin 显示(单击去掉 dtm_tin 前面方框中的勾);

③ 在图层列表面板(TOC)中右键单击图层 Mass Points,左键单击下拉菜单中的 Properties 命令打开图层属性对话框,在"Base Heights"(基表面高度)选项卡中,将 Height 设置为"Obtain heights for layer from surface"(从表面为图层获取高度),并选

图 6.74　各要素的三维显示

择当前场景中的 TIN 数据图层：[dtm_tin]（如图 6.75 所示），在"Z Unit Conversion"（Z 单位转换）中设定高程的夸张系数为"2"，高程将被夸大 2 倍。单击"确定"按钮退出。

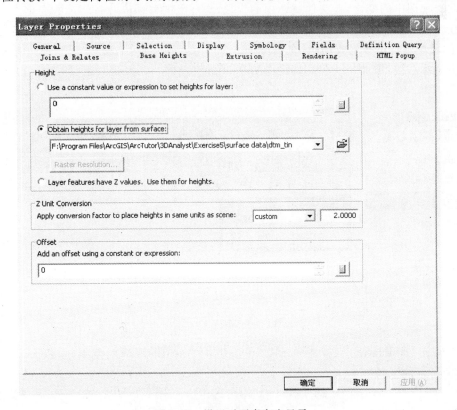

图 6.75　设置对要素突出显示

④ 以相同方法设置图层 Domain、Mesh、Domain_poly 的属性，夸张系数统一设置为"2"。图 6.76 为得到的三维场景图。

其中"飞行"按钮⟨∿⟩有两种状态，即⟨🧍⟩表示停止飞行，⟨∿⟩表示正在飞行状态。通过单击鼠标左键可以加快飞行速度，通过单击鼠标右键可以减慢飞行速度，直至停止，通过移动鼠标可以调整飞行方位、高度。

图 6.76　突出显示后的三维场景

6.3.5　飞 行 动 画

动画可以使三维场景栩栩如生,因此它们可以按照选择要求重新播放。它们有助于看到在透视图中的变化、在文件属性中的变化、地理上的移动以及时间上的变化。

在 ArcScene 中制作三维飞行动画的步骤如下:

① 录制飞行过程生成动画:在 ArcScene 打开处理好的三维场景文档,在工具栏显示区单击鼠标右键,添加"3D Analyst"、"Animation"(动画)、"Tools"(工具)三个工具栏(见图 6.77)。

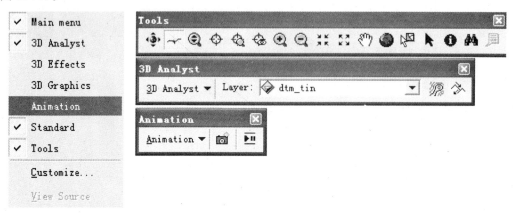

图 6.77　添加工具栏

② 单击"Animation"工具栏中的"Animation Controls"(动画控制)按钮 ，打开如图 6.78 所示的工具栏。

图 6.78　动画控制工具栏

③ 单击动画控制工具栏中的"Record"(录制)按钮 ；在"Tools"中选择"飞行"工具;然后在地图显示区中沿任意路线进行飞行,(飞行时间建议不要超过 30 s),然后单击鼠标右键直至停止飞行。

④ 单击动画控制工具栏中的停止按钮 ■ ,停止录像。单击播放按钮,播放所录的动画。

6.4　网　络　分　析

空间数据的网络分析是对地理网络和城市基础设施网络等网状事物以及它们的相互关系和内在联系进行地理分析和模型化。网络分析的主要研究内容包括最短路径分析、资源分配、连通分析、流分析等。

网络分析的基本研究对象是线状目标,它是在基本弧段基础上生成的,弧段通过结构化的组织构成了目标意义的网络体系。

网络分析的理论基础是数学中的图论和运筹学,它通过研究网络的状态,模拟和分析资源在网络上的流动及分配情况,对网络结构及其资源的优化等问题进行研究。基于图论的思想,网络可表示为由网络结点集 V、网络边集 E 和事件点集 P 组成的集合,即有 $D=\{V,E,P\}$。

网络分析在城市规划、土地管理、电力、通信、地下管网、交通、军事作战等领域都具有重要的应用。

6.4.1　什么是网络

网络(地理网络)是由一系列相互连通的点和线组成的,用来描述地理要素(资源)的流动情况(图 6.79)。网络包括边线(edge)和节点(junction)两种基本的组成成分(图 6.80)。其中,边线为网络中流动的管线,包括有形物体,如街道,河流,水管,电缆线等;无形物体,如无线通讯网等,其状态属性包括阻力和需求。节点则主要包括障碍,禁止网络中边线上流动的点;拐角点,出现在网络链中所有的分割节点上状态属性的阻力,如拐弯的时间和限制(不许拐弯);中心,是接受或分配资源的位置,如水库、商业中心、电站等,其状态属性包括资源容量,如总的资源量,阻力限额,中心与链之间的最大距离或时间限制;站点,在路径选择中资源增减的站点,如库房、汽车站等,其状态属性有要被运输的资源需求,如产品数。网络分析主要解决路径分析、服务区域判定、导航等问题,如最优路径、障碍分析、导航图的生成等问题。

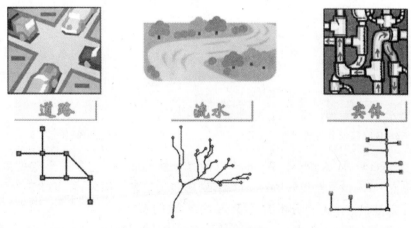

图 6.79　网络所描述的地理要素

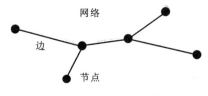

图 6.80　网络的组成

6.4.2　最佳路径分析

最佳路径分析是指基于道路网络,在有多个经停位置的情况下,合理地安排经过停靠点的顺序,找到需要到达的多个目的地的最佳路径。在 ArcGIS 中具体操作如下:

① 启用网络分析扩展模块。右键单击工具栏打开或执行菜单命令"View"→"Toolbars",在下拉菜单中选择"Network Analyst"命令,启用网络分析工具栏。

② 添加实验所需数据(这里采用 ArcGIS 自带数据,添加路径为 c:\ArcGIS\ArcTutor)。

③ 在网络分析工具栏中单击网络分析窗口按钮▣(图 6.81),打开网络分析窗口。

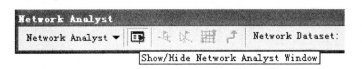

图 6.81　打开网络分析窗口

④ 创建路径分析图层。在网络分析工具栏上选择"Network Analyst"下拉菜单中的"New Route"命令(图 6.82)。

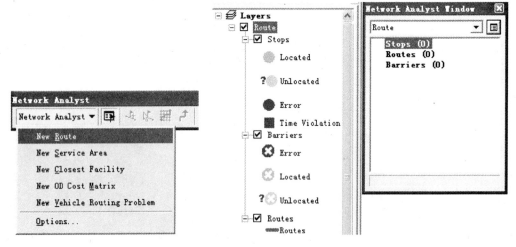

图 6.82　创建路径分析图层　　　　图 6.83　路径分析图层

此时在"Network Analyst Window"(网络分析窗口)中包含一个空的列表,显示Stops(停靠点)、Routes(路径)、Barriers(路障)等相关信息。同时,在 TOC(图层列表)面板上添加了新建的一个路径分析图层(Route)组合(图 6.83)。

⑤ 添加网络位置(停靠点)。在网络分析窗口中选择"Stops(0)";在网络分析工具栏

上单击"Create Network Location"(新建网络位置)按钮 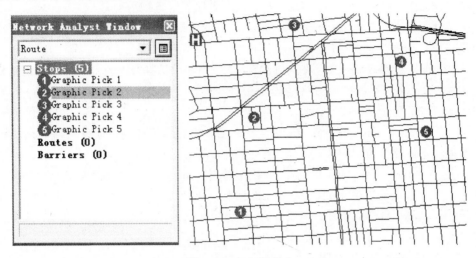；在所添加的街道网络图层的任意位置上单击鼠标左键添加新的停靠点(这里添加5~6个停靠点)，第一个停靠点被默认为出发点，最后一个停靠点则为目的地(图6.84)；如果需要修改停靠点的位置，在网络分析工具栏上选择"Select/Move Network Location"(选择/移动网络位置)按钮 ，使用此工具将停靠点拖放到所需位置即可。

图 6.84 添加停靠点

⑥ 设置分析选项。主要适用于道路行驶中所设置的一些基本规则，如单向行驶规则、任意路口可以调头、计算最省时间的线路等。

• 在网络分析窗口中单击分析图层属性(Route Properties)按钮 ，打开图层Route的属性设置对话框(图6.85)。

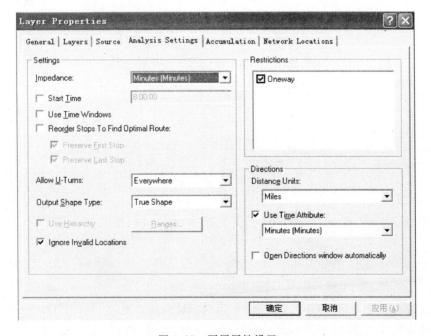

图 6.85 图层属性设置

- 在 Route 属性设置对话框中,单击"Analysis Settings"(分析设置)选项卡,并确认"Impedance"(阻抗)设置为"Minutes(Minutes)"。

- 保持"Use Time Windows"前的复选框为非选中状态,即不使用时间限制。当必须在规定时间在某个停靠点停留时才使用这个选项,选择这个选项后可以通过设置停靠点属性来设置某个停靠点到达的时间,离开的时间(在 ArcMap 联机帮助中查询关键词 network analysis,routing with time windows 可以了解详细内容)。

- 保持"Reorder Stops to Find Optimal Route"复选框为未选中状态,这保证了经停顺序是用户事先指定的顺序。

- 在"Allow U-Turns"(允许路口调头)下拉列表中选择"Every where"(任何路口)。

- 在"Output Shape Type"(输出图形类型)下拉列表中选择"True Shape"(实际形状)。

- 选中"Ignore Invalid Locations"(忽略无效位置)复选框,以便分析时忽略那些不在道路网络上的停靠点。

- 在"Restrictions"(约束规划)列表框中选择"Oneway"(单行线)。

- 在"Directions"(方向)选项栏中,确定"Distance Units"(距离单位)设置为"Miles"(米),"Use Time Attribute"(时间属性)设置为"Minutes"(分钟)。单击"确定"按钮退出图层属性对话框。

⑦ 运行最佳路径分析得到分析结果。

- 在网络分析工具栏上单击"Solve"(求解)按钮 ▦,最佳路径线状要素图层将在地图中显示,如图 6.86 所示。

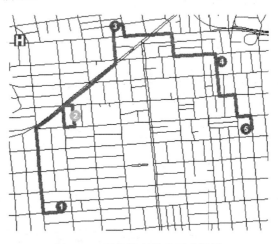

图 6.86　最佳路径线状要素图层

- 在"Network Analyst Window"中单击"Route"树状节点左边的加号(+)显示最佳路径。

- 右键单击最佳路径"Graphic Pick..."(图 6.87)或在网络分析工具栏中单击"Direction"(方向)按钮 ♪,打开 Directions(行驶方向)窗口。

- 在该窗口中单击"Map"(超链接)可以显示转向提示地图(图 6.88);

- 单击"Close"按钮关闭 Directions 窗口,实现以上操作。

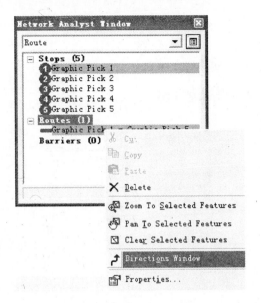

图 6.87　打开 Direction 窗口

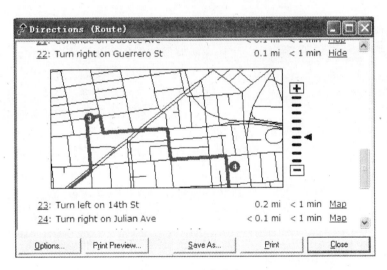

图 6.88　行驶方向窗口

⑧ 设置路障。在行驶路径中增加道路上无法通行的路障。在进行最佳路径分析时将会绕开路障查找新的路线。

· 在 ArcMap 的菜单栏上,单击"Window"→"Magnifer"命令,打开"Magnifer"(放大镜)窗口。

· 按住 Magnifer 窗口的标题栏在地图上移动,找到已经计算得到的最佳路径,松开鼠标。这时最佳路径的一部分应该显示在 Magnifer 窗口的中心位置,在这个区域的某个路段上放置一个路障。

· 在网络分析窗口中选中"Barrier(0)"。

· 在网络分析工具栏上单击"Create Network Location"(新建网络位置)工具按钮 ;

· 在 Magnifer 窗口中的最佳路径上的某个位置放置一个路障(见图 6.89);

• 在网络分析工具栏上单击"Solve"(求解)按钮 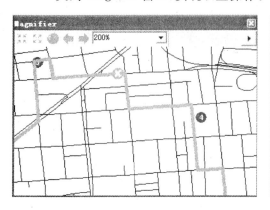，得到避开路障后新的最佳路径（图 6.90）。

• 关闭 Magnifer 窗口，实现以上操作。

图 6.89　在原路径上放置障碍　　　　图 6.90　避开路障后新的最佳路径

6.4.3　最近服务设施分析

假设在现实生活中，当某个位置发生火灾时需要找到距离事故最近的 5 个消防队，进

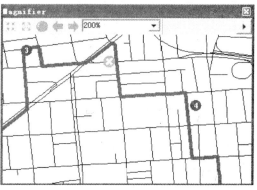

图 6.91　创建最近服务设施分析图层

而找到能够最快到达事故地点的路线。

1. 创建"最近服务设施分析图层"

在网络分析工具栏上单击"Network Analyst"，选择"New Closest Facility"(新建最近服务设施)菜单(图 6.91)，打开如图 6.92 所示的对话框。在该窗口中包含一个空的列表，显示 Facilities(设施)，Incidents(事故)，Routes(路径)，Barriers(路障)树状目录。同时在 TOC(图层列表)面板上添加了一个新建的最近服务设施图层(Route)组合。

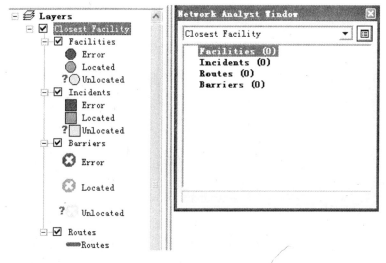

图 6.92　最近服务设施图层

2. 添加"服务设施"图层

① 通过添加已存在的一个点状图层作为服务设施图层,定义服务设施的位置;在"网络分析窗口"中右键单击树状节点"Facilities(0)",在出现的右键菜单中单击"Load Locations"(加载位置)命令(图 6.93)。

图 6.93　打开加载位置窗口

② 在"Load Locations"对话框中加载数据图层(Fire_Staion),单击"OK"按钮,如图 6.94 所示。

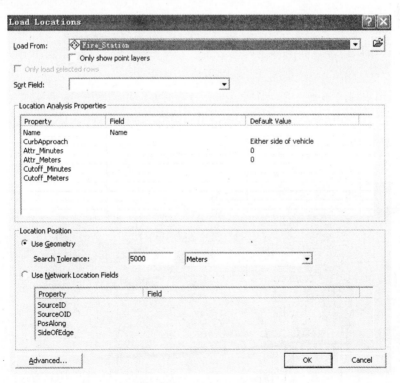

图 6.94　"Load Locations"对话框

③ 在网络分析窗口中显示出 40 个消防队。加载的服务设施,即消防队在地图上显示为服务设施符号(实心圆),如图 6.95 所示。

图 6.95　地图上显示的服务设施

3. 设定火灾事故发生地点

通过以下步骤在道路网络上设定一个火灾事故发生地址,以进一步做出救援调度分析。

① 在网络分析窗口中,选中树状节点"Incidents(0)",在网络分析工具栏上单击"Create Network Location"(新建网络位置)工具按钮 ,在此图层上添加一个事故地点。

② 在地图上任意添加一个火灾事故点(实心正方形),如图 6.96 所示。

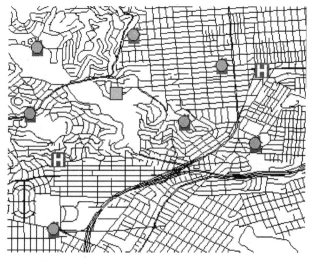

图 6.96　设定火灾发生地点

4. 设置分析选项

① 如图 6.97 所示，在网络分析窗口中单击"Closest Facility"下拉列表右边的"Closest Facility Properties"（分析图层属性）按钮，打开如图 6.98 所示的属性设置对话框。

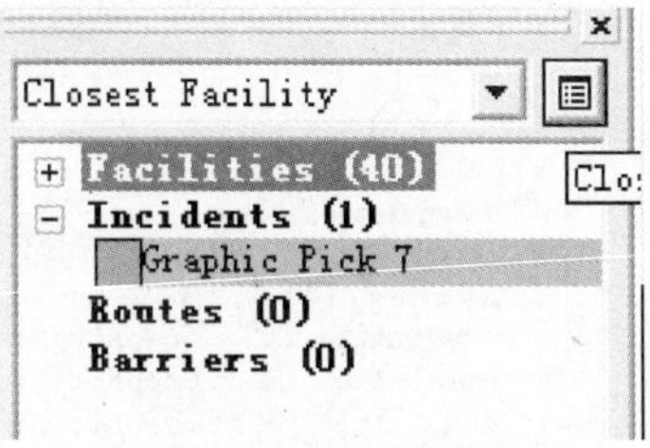

② 在对话框中选择"Analysis Settings"（分析设置）选项卡，在"Impedance"（阻抗）下拉列表中选择"Minutes (Minutes)"。

③ 将"Default Cutoff Value"（默认响应条件）设置为"3"（单位：分钟）。ArcGIS 将查找能够在 3 分钟到达火灾事故地点的最近的消防队。

④ 将"Facilities To Find"（查找服务设施数目）设置为"5"。ArcGIS 将试图查找 5 个能够在 3 分钟到达火灾事故地点的消防队，如果不能够在规定时间内到达的设施将被忽略。

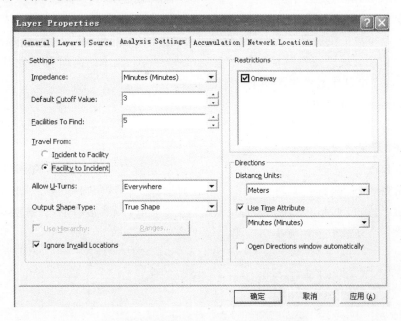

图 6.97　打开属性设置对话框

⑤ 将"Travel From"（救援方向）设定为"Facility to Incident"（从服务设施到事故点），即由消防队到火灾事故点。

⑥ 在"Allow U-Turns"（允许路口调头）下拉列表中选择"Everywhere"（任何路口）。

⑦ 在"Output Shape Type"（输出图形类型）下拉列表中选择"True Shape"（实际形状）。

⑧ 选中"Ignore Invalid Locations"（忽略无效位置）复选框，这样分析时将会忽略那些不在道路网络上的停靠点（事故点）。

⑨ 在"Restrictions"（约束规则）列表框中选择"Oneway"（单行线）。

⑩ 单击"确定"按钮，关闭图层属性对话框。

图 6.98　图层 Closest Facility 属性设置

5. 运行分析过程，查找最近的服务设施

在网络分析工具栏上单击"Solve"（求解）按钮 ；分析结果，即救援路径线状要素图层将在地图中显示(图6.99)。这里只找到距事故地点最近的4个消防队(因为第5个到达事故点的时间已超了3分钟),如果在分析属性设置对话框中将"Default Cutoff Value"设置为4,则有可能找到5个最近的消防队。

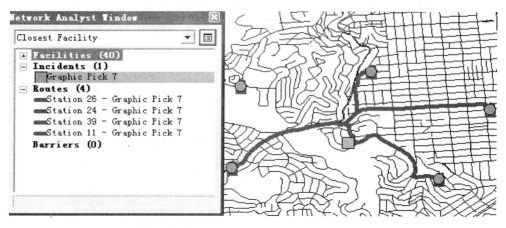

图6.99　救援路径线状要素图层

6.4.4　服务区分析

在网络分析中,基于时间或距离计算每个服务设施的服务范围。在ArcGIS中通过以下操作,创建一系列的多边形,表示在规定的时间内可以从某个设施到达的距离。称这些多边形为服务区多边形。在实验中,基于9个医院创建其1分钟、2分钟、3分钟服务区,同时也可以得出某个服务区中有多少个居民点,然后确定应该如何重新布局某个医院以便更好地为市民提供服务。此外,将生成一个起始——目的地(OD)的成本矩阵,表示在3分钟内从某一居民点到其他医院的就医成本。这个成本矩阵可用于路线选择等分析。在ArcGIS中具体操作步骤如下:

1.添加实验所需数据

ArcGIS自带数据。

2.创建"服务区分析图层"

在网络分析工具栏上单击"Network Analyst",选择"New Sercice Area"(新建服务区)菜单(见图6.100),打开如图6.101所示的对话框。在该窗口中包含一个空列表,显示Facilities(设施),Barriers(路障),Lines(线段)和Polygons(多边形)。此外,在(TOC)面板中新建一个新的服务区分析图层组。

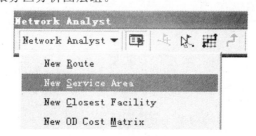

图6.100　创建服务区分析图层

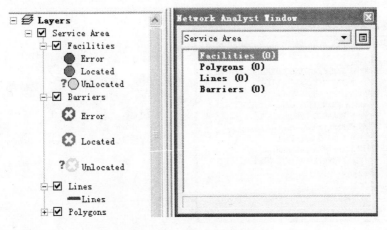

图 6.101　服务区分析图层

3. 加载服务设施图层

通过以下操作,将图层"Hospital"(医院)设置为服务设施,用于分析其服务区。在网络分析窗口中右键单击"Facilities(0)"树状节点,在下拉菜单中单击"Load Locations",弹出如图 6.102 所示对话框,输入数据(此处为 Hospital),单击"OK"按钮确定。

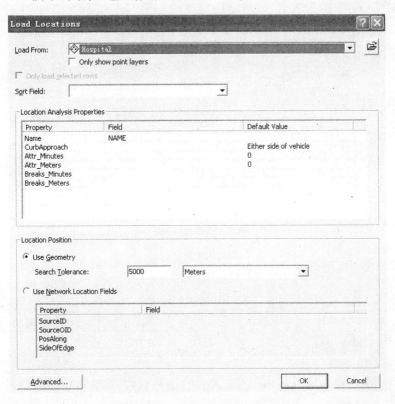

图 6.102　加载服务设施图层

在网络分析窗口中,单击树状节点"Facilities(6)"左边的加号(+),可以显示设施列表,这些服务设施同时在地图上显示,如图 6.103 所示。

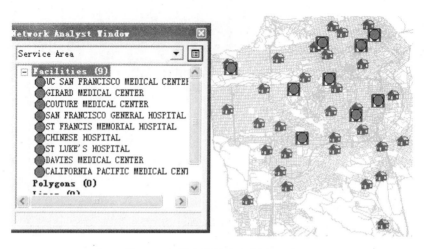

图 6.103　服务设施在地图上显示

4. 设置分析选项

通过以下操作指定基于驾车时间进行服务区分析选项的设置。计算每个服务设施的 3 个服务区多边形,一个是 1 分钟服务区,一个是 2 分钟服务区,一个是 3 分钟服务区(图 6.104)。

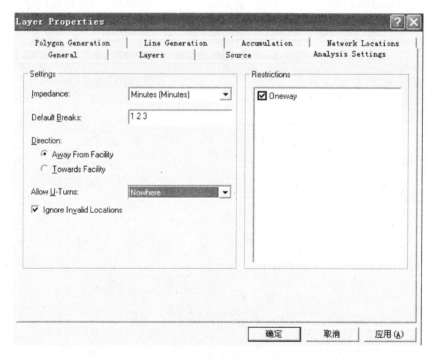

图 6.104　服务区分析选项设置

① 在网络分析窗口中单击"Service Area"(分析图层)属性按钮,打开分析图层属性对话框,如图 6.104 所示。

单击"Analysis Settings"(分析设置)选项卡,在"Impedance"(阻抗)下拉列表中选择"Minutes(Minutes)";在"Default Breaks"(默认分隔)输入框中输入"1 2 3"(三个数字以空格分隔,引号不需要输入);在"Direction"(方向)选项中选择"Away from Facility"(从设施

出发);在"Allow U-Turns"(允许调头)下拉列表中选择"Nowhere"(任意路口都不允许);在"Restrictions"(约束规则)列表框中选择"Oneway"(单行线);选中"Ignore Invalid Locations"(忽略无效位置)复选框。

② 单击"Polygon Generation"(多边形生成)选项卡,如图 6.105 所示。选择"Generate Polygons"(生成多边形)复选框。"Polygon Type"(多边形类型)选择为"Generalized"(普通的)("普通的"多边形生成得比较快,"详细的"(Detailed)多边形更精确但需要多一些时间);将"Multiple Facilities Options"(服务区冲突选项)单选项设置为"Overlapping"(每个设施用单多边形表示),这个选项生成的服务区可能会有相互重叠的部分;将"Overlap Type"(叠置类型)单选项设置为"Rings"(环),这样 2 分钟服务区中将会去除 1 分钟服务区的部分,3 分钟服务区将只表示 2~3 分钟的服务区。单击"确定"按钮,保存所有设置。

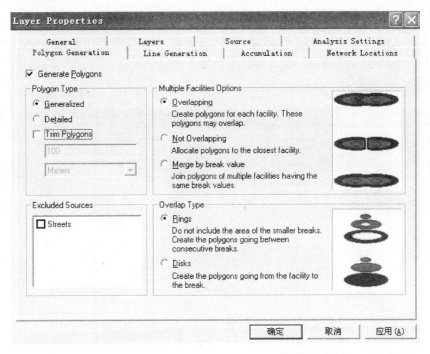

图 6.105 "Polygon Generation"选项卡

③ 单击"Line Generation"(线段生成)选项卡,确定复选框"Generate Lines"(生成线段)为未选中状态。单击"确定"按钮,保存所有设置。

5. 运行分析过程创建服务区

在网络分析工具栏中单击"Solve"(求解)工具按钮 ,生成服务区多边形。在地图及网络分析窗口(Network Analyst Window)中同时显示,结果是几个透明多边形图层,可以同时显示其下的道路网络,很明显地显示了每个服务设施基于现有道路网络状况的1 分钟、2 分钟、3 分钟服务区(见图 6.106)。

6. 确定不在服务区内的居民点

① 在 TOC 图层列表面板中将图层"Residential"移到最前面,以便更好地显示此图层。

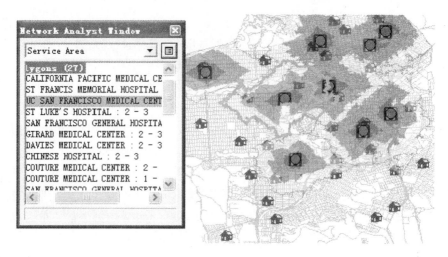

图 6.106　服务设施基于现有道路网络状况的服务区

② 执行菜单命令"Selection"（选择）→"Select by Location"（根据位置选择）。

③ 如图 6.107 所示，在该对话框中，生成一个表达式"Select Features from：Stores；that：are completely within；the Features in Layer：Polygons"。

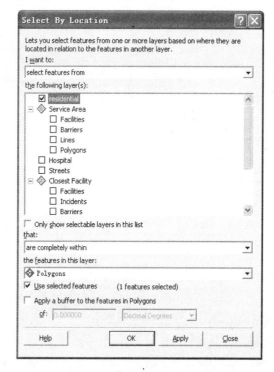

图 6.107　"Select By Location"对话框

④ 单击"OK"按钮，将会选择所有位于服务区内的商店，单击"Close"按钮。

⑤ 在 TOC 图层列表面板中右键单击图层"Residential"，如图 6.108 所示进行操作。

⑥ 选择集中显示了没有被任何服务区包含的所有居民点的分布情况，可以根据此选择集重新布局现有医院，如图 6.109 所示。

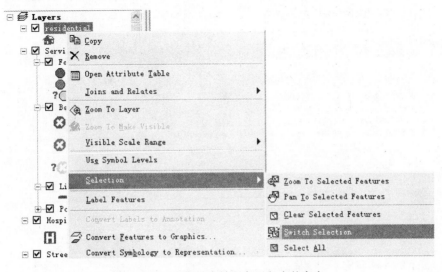

图 6.108　选中没有被服务区包含的商店

图 6.109　没有被服务区包含的居民点

⑦ 在 TOC 图层列表面板中右键单击图层"Residential",在出现的级联菜单中选择
"Selctions"(选择集)→"Clear Selected Features"(清除已选择的要素)命令。

7. 将分布不合理的设施重新布局

① 查看"Chinese hospital 2-3"的服务区多边形,可以发现它的 1 分钟、2 分钟、3 分钟
服务区与相邻医院重合,因此可以重新选择新的位置,以使"Chinese hospita 2-3"能够更
好地为其他居民点提供服务。

② 在网络分析窗口中的树状节点"Facilities(6)"下选择"Chinese hospital 2-3";

③ 使用网络分析工具栏上的"Select/Move Network Locations Tool"(选择/移动网
络位置)工具 ,移动"Chinese hospital 2-3"到没有本服务区包含的区域,如图 6.110
所示。

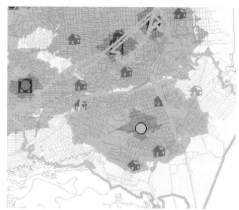

图 6.110　移动服务区位置　　　　　图 6.111　生成新的服务区多边形

8. 运行分析过程重新计算服务区

在网络分析工具栏中单击"Solve"（求解）工具按钮生成新的服务区多边形，如图6.111所示。

9. 确认每个商店归属服务区

① 在 TOC 图层列表面板中右键单击图层"Residential"，在出现的级联菜单中选择"Joins and Relates"→"Join..."命令。按如图 6.112 所示进行设置，单击"OK"按钮确定。

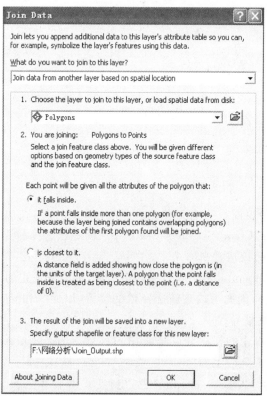

图 6.112　"Join Data"对话框

② 在 TOC 面板中右键单击新生成的图层"join_output"，在出现的级联菜单中选择"Open Attribute Table"(打开属性表)，打开如图 6.113 所示的对话框。查看属性表可以得到某一居民点在哪个服务区内以及某一服务区包含哪些居民点等信息。

	FID	Shape	FID	Obje	FEAT	NAME	SAPol	Fac	Name_1	From	ToBreak
	0	Point	10	2814	9913	Richmond Library	109	18	CALIFORNIA PACIFIC MEDICAL CENTER : 3 - 5	3	5
	1	Point	12	2895	9913	Main Library	109	18	CALIFORNIA PACIFIC MEDICAL CENTER : 3 - 5	3	5
	2	Point	13	2896	9913	Eureka Valley Harve	109	18	CALIFORNIA PACIFIC MEDICAL CENTER : 3 - 5	3	5
	3	Point	14	2897	9913	Park Library	109	18	CALIFORNIA PACIFIC MEDICAL CENTER : 3 - 5	3	5
	4	Point	17	3016	9913	Chinatown Library	109	18	CALIFORNIA PACIFIC MEDICAL CENTER : 3 - 5	3	5
	5	Point	20	3019	9913	North Beach Library	109	18	CALIFORNIA PACIFIC MEDICAL CENTER : 3 - 5	3	5
	6	Point	16	2899	9913	Western Addition Li	110	14	ST FRANCIS MEMORIAL HOSPITAL : 3 - 5	3	5
	7	Point	19	3018	9913	Marina Library	110	14	ST FRANCIS MEMORIAL HOSPITAL : 3 - 5	3	5
	8	Point	21	3020	9913	Presidio Library	110	14	ST FRANCIS MEMORIAL HOSPITAL : 3 - 5	3	5
	9	Point	5	2768	9913	Ortega Library	111	10	UC SAN FRANCISCO MEDICAL CENTER : 3 - 5	3	5
	10	Point	6	2769	9913	Parkside Library	111	10	UC SAN FRANCISCO MEDICAL CENTER : 3 - 5	3	5
	11	Point	7	2770	9913	West Portal Library	111	10	UC SAN FRANCISCO MEDICAL CENTER : 3 - 5	3	5
	12	Point	26	3345	9913	Noe Valley Library	111	10	UC SAN FRANCISCO MEDICAL CENTER : 3 - 5	3	5
	13	Point	15	2898	9913	Potrero Library	112	16	ST LUKE'S HOSPITAL : 3 - 5	3	5
	14	Point	23	3342	9913	Excelsior Library	112	16	ST LUKE'S HOSPITAL : 3 - 5	3	5
	15	Point	27	3346	9913	Portola Library	112	16	ST LUKE'S HOSPITAL : 3 - 5	3	5
	16	Point	29	3348	9913	Bayview-A. E. Waden	112	16	ST LUKE'S HOSPITAL : 3 - 5	3	5
	17	Point	22	3341	9913	Bernal Heights Libr	113	13	SAN FRANCISCO GENERAL HOSPITAL : 3 - 5	3	5
	18	Point	24	3343	9913	Glen Park Library	113	13	SAN FRANCISCO GENERAL HOSPITAL : 3 - 5	3	5
	19	Point	28	3347	9913	Visitacion Valley L	113	13	SAN FRANCISCO GENERAL HOSPITAL : 3 - 5	3	5
	20	Point	11	2815	9913	Sunset Library	114	11	GIRARD MEDICAL CENTER : 3 - 5	3	5
	21	Point	18	3017	9913	Golden Gate Valley	115	17	DAVIES MEDICAL CENTER : 3 - 5	3	5
	22	Point	25	3344	9913	Mission Library	115	17	DAVIES MEDICAL CENTER : 3 - 5	3	5
	23	Point	3	2766	9913	Merced Library	117	12	COUTURE MEDICAL CENTER : 3 - 5	3	5
	24	Point	4	2767	9913	Ocean View Library	117	12	COUTURE MEDICAL CENTER : 3 - 5	3	5
	25	Point	8	2783	9913	John D. Daly Librar	117	12	COUTURE MEDICAL CENTER : 3 - 5	3	5
	26	Point	2	2765	9913	Ingleside Library	118	12	COUTURE MEDICAL CENTER : 1 - 3	1	3
	27	Point	30	3361	9913	Bayshore Library	125	15	CHINESE HOSPITAL : 1 - 3	1	3
	28	Point	9	2813	9913	Anza Library	134	11	GIRARD MEDICAL CENTER : 0 - 1	0	1
	29	Point	0	2718	9913	Westlake Library	0	0		0	0

图 6.113　属性表

③ 关闭属性表。可以将现有的服务设施数据导出为新的要素类(图层)，方法如下：在网络分析窗口中右键单击树状节点"Facilities(6)"，在出现的级联菜单中选择"Export Data"(导出数据)→"All features"(所有要素)，并指定输出的文件名和位置。

习　题　六

1. 现要在给定区域内新增一个学校，要求学校周围交通比较方便，周围 300 米范围内没有其他学校，试问应如何进行选址？

2. 利用所给的等高线数据，创建 TIN 并生成 DEM，并对所生成的 DEM 进行分析，计算表面坡度在 25 度以上的区域有哪些，并显示结果数据。

3. 结合生成 DEM，如果欲在此区域建立移动基站，请问基站设置在哪些问题较好？

4. 利用所给数据，在其图层上添加 A,B 两点，计算从 A 点到 B 点的最短路径。

第7章

GIS软件应用

7.1 Voronoi 图的构建及应用

7.1.1 Voronoi 图概述

1. Voronoi 图的数学原理

Voronoi 图可以理解为对空间的一种分割方式(一个 Voronoi 多边形内的任意一点到本 Voronoi 多边形发生点的距离都小于其到其他 Voronoi 多边形发生点的距离),也可以理解为对空间的一种内插方式(空间中的任何一个未知点的值都可以由距离它最近的已知点的值来替代)。Voronoi 多边形的结构取决于采样点的分布特征。当采样点为规则分布时,其相应的 Voronoi 多边形呈规则分布;反之,当采样点为不规则分布时,其相应的 Voronoi 多边形呈不规则分布。例如,对于以正方形格网分布的采样点,其 Voronoi 多边形表现为与之等大的正方形结构(图 7.1);当采样点为正三角形格网分布时,其 Voronoi 多边形为规则的正六边形结构(图 7.2);图 7.3 为对应于不规则分布采样点的不规则 Voronoi 多边形结构。

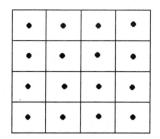

图 7.1 正方形 Voronoi 图

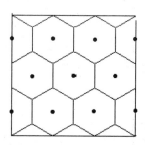

图 7.2 六边形 Voronoi 图

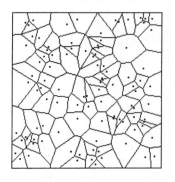

图 7.3 不规则 Voronoi 图

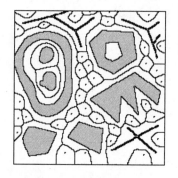

图 7.4 混合发生元(点、线、面)的 Voronoi 图

2. 不规则点集的 Voronoi 图

设平面上的一个离散发生点集 $S=\{p_1,p_2,\cdots,p_n\}$，则任意点 p_i 的 Voronoi 图定义为

$$T_i=\{x:d(x,p_i)<d(x,p_j)\mid p_i,p_j\in S,p_i\neq p_j\}, \tag{7.1}$$

其中，d 为欧氏距离。

由(7.1)式定义可知，T_i 是一个凸多边形，而且在特殊情况下是一个具有无限边界的凸多边形。Voronoi 图是平面的一个剖分，在任意一个凸 Voronoi 多边形中，任一个内点到该凸多边形的发生点 p_i 的距离都小于该点到其他任何发生点 p_j 的距离，这些发生点也叫 Voronoi 图的质心(Centroid)或发生元(图 7.3)。发生元除了是点集外，还可能是线集、面集或其他更复杂的图形等(图 7.4)。

3. 点集 Voronoi 图的若干主要性质

假设在离散点集合中，没有四个点是共圆的。

性质①：Voronoi 图的每个顶点，恰好是三条边的公共交点。等价地说，Voronoi 顶点是原离散点集合的三个点的圆心。

性质②：对于集合 S 的 Voronoi 图中每一个顶点 v，其对偶图 Delaunay 三角形的外接圆 $C(v)$ 不包含其他顶点。

性质③：在点集 $S=\{p_1,p_2,\cdots,p_n\}$ 中，p_i 的每一个最邻近点，确定 Voronoi 多边形 $V(i)$ 的一条边。

性质④：多边形 V_i 是无界的，当且仅当 p_i 是集合 S(P)凸壳边界上的一个顶点。

性质⑤：Voronoi 图的对偶是 P 的一个三角剖分，由 P 的每一个共享 Voronoi 边的点对连成直线，得到另一个图，叫做 Delaunay 三角网。它是原来 N 个离散点的一个图。

性质⑥：N 个点上的 Voronoi 图最多有 $2N-5$ 个顶点和 $3N-6$ 条边。

性质⑦：对于 N 个离散点，将所在区域分成 N 个 Voronoi 多边形的划分是唯一的。

性质⑧：Voronoi 多边形是凸多边形。

性质⑨：任意两个 Voronoi 多边形不存在任何公共区域。

Voronoi 图和 Delaunay 三角网是计算几何中两种重要的几何构造，也是两种空间分割的方法。

7.1.2 Voronoi 图的构建方法

常见的 Voronoi 图是指发生点为离散点集的普通 Voronoi 图(ordinary Voronoi diagram)。实际上，普通 Voronoi 图还有许多种扩展形式。根据发生点和生成面的不同，还有其他扩展形式(Okabe et al.，1994，2000)：k 阶 Voronoi 图(order-k Voronoi diagram)、有序 k 阶 Voronoi 图(ordered order-k Voronoi diagram)、最远点 Voronoi 图(farthest Voronoi diagram)、k 次最近点 Voronoi 图(kth-nearest-point Voronoi diagram)、加权 Voronoi 图、线 Voronoi 图、面 Voronoi 图、曼哈顿 Voronoi 图(Manhattan Voronoi diagram)、球面 Voronoi 图(spherical Voronoi diagram)、河流中 Voronoi 图(Voronoi diagram in a river)、多面体 Voronoi 图(polyhedral Voronoi diagram)和网络 Voronoi 图(network Voronoi diagram)等。目前构建各类 Voronoi 图的算法和软件的稳健性和效率是不同的，尚缺乏能生成各类 Voronoi 图的大众化工具软件。

1. 矢量方法

Voronoi 图的构建十分重要,它是计算几何的一种基本操作。构建 Voronoi 图的矢量方法很多,散见于国内外不同领域的研究刊物上,如根据周培德(2000)研究,构建 Voronoi 图的矢量方法有半平面的交、增量法、分治法、减量算法和平面扫描算法等 5 种。下面简要介绍增量法、间接法和分治法三种方法。

(1) 增量法(incremental method)

增量法是矢量空间中生成 Voronoi 图的常用方法。

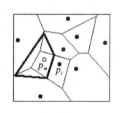

图 7.5　增加一个新发生元 p

这种方法开始于少量发生元(如 2 个或 3 个发生元)的 Voronoi 图,然后通过一个个地增加其他的发生元并修改 Voronoi 图方法而获得最后的 Voronoi 图。假定 $m=1,2,\cdots,n$,设 V_m 表示前 m 个发生元 $p_1,p_2,\cdots,p_m$ 的 Voronoi 图,增量法的主要工作是对于每个 m 进行从 V_{m-1} 到 V_m 的转换。图 7.5 显示了一个增加发生元的例子。假定已经构建了前 $m-1$ 个点的 Voronoi 图 V_{m-1},现在增加一个新的发生点 p_m,要构建增加新发生点后的 Voronoi 图 V_m。首先,找到包含 p_m 的 Voronoi 多边形的发生元 p_i,划出的 p_m 与 p_i 之间的垂直平分线,这样该垂直平分线将该 Voronoi 多边形分割成两部分,一部分属于发生元 p_m,另一部分属于发生元 p_i。垂直平分线与该 Voronoi 多边形的交所形成的线段就是由所 p_m 产生 Voronoi 多边形的一条边。然后依次划出 p_m 与其他邻近发生元的垂直平分线,得出 Voronoi 多边形的其他边。在这一步中存在一个最近邻元搜索的操作。

(2) 间接法(indirectly method)

间接法生成离散点集的 Voronoi 图,主要是根据 Voronoi 图和 Delaunay 三角网的对偶性质。首先生成离散点集的 Delaunay 三角网,然后做每一条边的垂直平分线,所有的垂直平分线就构成了该点集的 Voronoi 图,如图 7.6 所示。间接法构建 Voronoi 图的核心是生成 Delaunay 三角网。

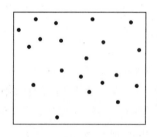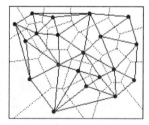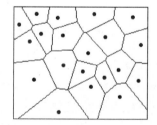

图 7.6　间接法生成 Voronoi 图

(3) 分治法(divide-and-conquer method)

分治法是指首先将点集分成几个几乎同等大小的子集,每一个子集生成一个"子 Voronoi 图",其次就是将所有"子 Voronoi 图"合并,那么最后合并成的一个 Voronoi 图,自然构成了整个点集的 Voronoi 图(图 7.7)。

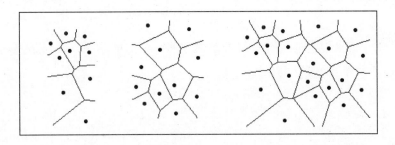

图 7.7　分治法生成 Voronoi 图

（4）矢量方法的问题和不足

当前大部分方法是基于矢量空间的方法，但是矢量方法主要是对于生成点集的 Voronoi 图十分有效，如 Sugihara 和 Iri（1992）提出的算法是最稳健和最有效的算法之一，可以成功地处理 1000 万个发生点（Okabe et al.，1994）。下面是一种基于 ArcGIS 的点集 Voronoi 图构建。

在"ArcToolbox"工具箱中，选择"Analysis Tools"→"Proximity"→"Create Thiessen Polygons"，打开如图 7.8 所示的对话框，给定输入的点图层，即可生成 Voronoi 图，生成前后效果如图 7.9 所示。

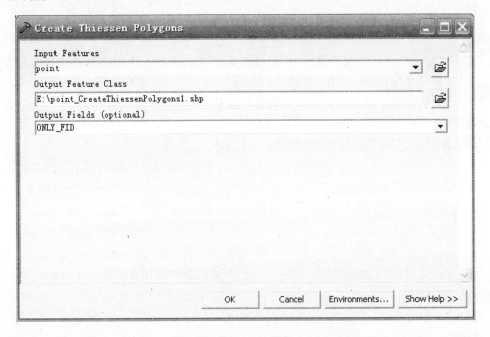

图 7.8　基于 ArcGIS 的点集 Voronoi 图构建

矢量法构建 Voronoi 图，处理的发生元只能是点和线（或半线）。半线是指线根据其方向分为左右两侧，每一侧称为半线，所有的线由半线对组成（胡志勇等，2001）。生成任意形状线集的 Voronoi 图比较困难，正如 Okabe 等人（2000）指出："在理论上我们可以考虑任何线状目标，但是在实际上我们只能处理点（一种特殊的线）、直线、直线段组成的链（chains）、圆弧、圆弧组成的链和实心圆（full circles）"。对于面和其他更复杂的空间目标

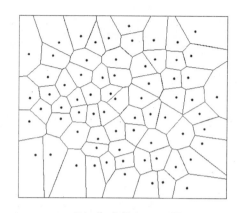

(a) 原始点集   (b) 生成的Voronoi图

图 7.9 生成 Voronoi 图的前后效果示意图

要分解为点和线(半线)来处理,这种分解破坏了空间目标的完整性(李成名,1998)。

实际上,目前所有公开的 Voronoi 图算法都对发生元有限制。一般都要求发生元除了在端点处外是不相交的。如果发生元形成了多边形,要求多边形是"简单的"(要求不自交、无"岛屿")。有的甚至限制 4 点或以上点共圆或共线的情形,这使得算法的实际应用出现巨大的障碍,因为现实世界中多边形是复杂的,不能仅限制为简单多边形(Held,2001)。

基于矢量法的算法不仅计算复杂,而且根据进一步研究表明,该类方法产生的数据结构复杂,存储量要增加 9～10 倍(李成名,1998)。

所以,人们总在不断地寻找其他更有效的方法,其中许多是逼近方法,包括矢量逼近方法和栅格方法。

(5) 有限点逼近的矢量方法

如果发生元是线或面,甚至是更复杂的图形,可以用有限个点来逼近原始图形,从而代替原始图形,然后构建这些离散点集的普通 Voronoi 图,最后消除一些多余的 Voronoi 边和多余的 Voronoi 顶点,最终得到原始发生元的逼近的 Voronoi 图。其算法如下:

第一步,对于每个原始图形 A_i,用有限个点的集合 P_i 来逼近 A_i 的边界。

第二步,为每一个点集 $p_1 \bigcup p_2 \bigcup \cdots \bigcup p_n$ 构建 Voronoi 图 V。

第三步,从 V 中消除那些属于同一个原始图形的发生点所产生的 Voronoi 边和消除那些孤立的点。

第四步,输出 V。

根据上述算法,这里介绍一种基于 ArcInfo Workstation 的任意发生元 Voronoi 图构建技术(图 7.10)。

 • 建立一个图层,图层中要素即是要生成 Voronoi 图的原始发生元,可以包括点、线、面或者它们的组合。

 • 采用 DENSIFYARC 命令给图层中各要素的弧段上增加顶点(vertex)。顶点的间隔设置得越小,增加顶点的数量越多。间隔大小可以根据实际对 Voronoi 图精度的需要来确定。

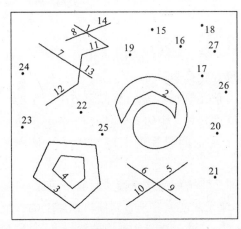

（a）原始发生元(图中数字表示发生元的标识码)

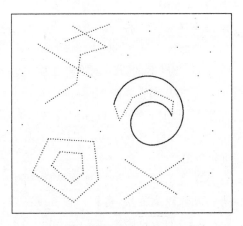

（b）逼近原始发生元的1047个点

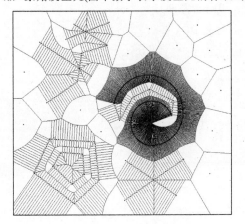

（c）1047个点产生的Voronoi图

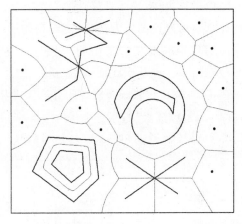

（d）通过删除图(c)中的多余边和顶点获得的Voronoi
图 (粗线或点表示原始发生元，细线是Voronoi边)

图 7.10　有限点集逼近发生元的构建 Voronoi 图的方法

- 对已增加顶点的图层构成正确的弧段——节点拓扑关系。
- 使用 ARCPOINT 命令将图层中弧段上的点（顶点、节点）转换到另一个仅含有点的图层中，有时还需要复制原图层中的点目标。
- 对图层中的点的用户标识码进行修改，使其与原发生元的用户标识码保持一致。
- 使用 THIESSEN 构建点目标的 Voronoi 图。
- 用 DISSOLVE 命令对形成的 Voronoi 图进行溶合，溶合项（dissolve_item）是点目标的用户标识码，溶合完的图层即是所需要的任意形状发生元的未加权的 Voronoi 图。

在这种方法中，为了获得很好的逼近，必须使用很多点来逼近原始图形。一般来说，用于逼近原始图形的点的数量是十分庞大的，而且这些点通常会产生一些特殊情况（如共圆、共线等），这要求构建普通 Voronoi 图算法快速稳健。上图表明，当采用较多的点（图7.10 中是 1047 个点）来逼近原始图形的时候，所产生的结果很好，这也或许是处理复杂图形的一种方法。另外，如果有能生成 m 维的普通 Voronoi 图的算法，这种逼近方法可以直接扩展为 m 维的广义 Voronoi 图，这种方法仍然属于矢量方法。

2. 栅格方法

栅格方法也是一种逼近方法,其运算是在栅格空间中完成的。

(1) 未加权 Voronoi 图的构建

① 计算灰度值的方法。距离变换的基本思想是把离散分布在空间中的目标根据一定的距离定义方式生成距离图,其中每一点的距离值是到所有空间目标距离中最小的一个。如果某点到两个以上目标的距离相等,那么该点就是一个边界点,即 Voronoi 多边形边界上的点,否则隶属于某一目标。所有隶属某一空间目标的点就构成了该目标的 Voronoi 多边形。

计算灰度值的方法是一种距离变换的方法,即是将平面栅格化为一幅数字图像,对该图像进行欧氏距离变换,得到一幅灰度图像,每个像元灰度值等于它到栅格地图上邻近物体(或发生元)的最近距离,则 Voronoi 多边形的边一定处于该灰度图像的脊线上,通过相应的图像运算,提取这些脊线,即可得到 Voronoi 图。"草地火法"(grassfire method)是一种计算距离变换图的方法(毋河海和龚健雅,1997),在这种方法中反复采用了"对原图的减细"和"将减细结果与中间结果这两个图像的叠加"两种基本运算。另外,郭仁忠(1997)提出了一种基于栅格数据的欧氏距离变换方法。

② 四邻域和八邻域栅格扩张算法。栅格(i,j)的 4 邻域的集合可以表示为 $NB_4(i,j) = \{(i,j-1),(i,j+1),(i-1,j),(i+1,j)\}$,其 8 邻域集合(图 7.11)为 $NB_8(i,j) = NB_4(i,j) \bigcup \{(i-1,j-1),(i-1,j+1),(i+1,j-1),(i+1,j+1)\}$。

$(i-1, j-1)$	$(i-1, j)$	$(i-1, j+1)$
$(i, j-1)$	(i, j)	$(i, j+1)$
$(i+1, j-1)$	$(i+1, j)$	$(i+1, j+1)$

图 7.11 栅格(i,j)的 8 个邻近栅格

构建 Voronoi 图的方法是以发生点为中心点,同时向周围相邻 4 个方向或 8 个方向做栅格扩张运算,直到两个发生点扩张后所形成的"领地(territory)"相互碰撞时为止。两个相邻发生点扩张运算的交线就是 Voronoi 多边形的边,三个相邻发生点扩张运算的交点为 Voronoi 多边形的顶点,此方法获得的多边形是栅格化的,其邻接边表现为折线段。

这种方法在概念上是简单的,同时可以很容易地扩展到线状发生元和面状发生元,但这种方法是一种精度较差的逼近算法,计算精度实际上是受栅格大小的限制,为了获得较高的精度,应该使用较小尺寸的栅格,而且要研究 Voronoi 多边形、Voronoi 边和顶点间的空间拓扑关系,需要进行进一步处理。另外,距离量度不是欧氏距离。如果是采用 4 邻域扩张运算,所产生的"领地"是基于 L_1 距离量度的(图 7.12);采用 8 邻域扩张运算,所产生的"领地"是基于 L_∞ 距离量度的(图 7.13)。如果是以上 4 邻域扩张和 8 邻域扩张交替使用,所产生的 Voronoi 图是将对基于欧氏距离 Voronoi 图的一种更好的逼近(图 7.14)。

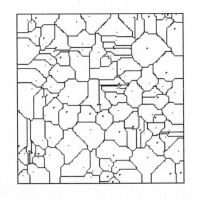

图 7.12 基于 L_1 距离产生的 Voronoi 图

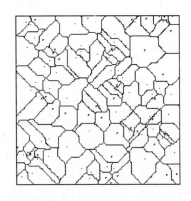

图 7.13 基于 L_∞ 距离产生的 Voronoi 图

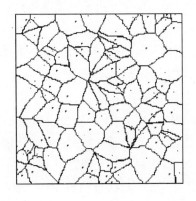

图 7.14 基于 $(L_1 + L_\infty)$ 距离产生的 Voronoi 图

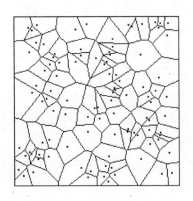

图 7.15 基于欧氏距离产生的 Voronoi 图

基于 L_1、L_∞、$(L_1 + L_\infty)$ 距离量度(图 7.12 至图 7.14)的 Voronoi 图与同样发生点的基于欧氏距离的 Voronoi 图(图 7.15)有很大的差异,这些方法只能是一种很粗略的逼近。那么,如何保证基于栅格方法生成的 Voronoi 图是很好的逼近呢? 这实际上是要求,当采用某种邻域形式进行扩张运算后,扩张的空间应该是一个圆。

无论是采用 4 邻域扩张、8 邻域扩张或者是交替使用 4 邻域和 8 邻域形式,对于一个点的扩张来说,其结果都与实际应该产生的圆有一定的差异,且这种差异随着扩张次数的增加而增加。如果连续采用 4 邻域扩张,会使得东、西、南、北 4 个方向的扩张速度比较快;如果连续采用 8 邻域扩张,则会使得东北、东南、西南、西北 4 个方向的扩张速度比较快。为此,李成名等(1998)提出了一种动态距离变换方法。

③ 动态距离变换方法。在栅格空间中,各个发生点所在的栅格同时向四周做圆形扩张运算(这类似于向水塘中丢入一石子,水波向四周传播一样),当某个发生点的扩散区域与相邻发生点的扩散区域相碰时,停止扩散。当空间中所有栅格都被扩散到时,扩张运算终止。每个发生点的扩散区域即为该发生点的 Voronoi 多边形。李成名等提出的方法是交替使用 6 种邻域变换,如图 7.16 所示。

图 7.16 六种邻域

至于每种邻域采用的次数，则通过设计一个函数来决定。根据李成名等（1998）的实验研究，在精度和效率方面都取得了比较满意的效果。

④ 一种优化栅格方法。按照 Voronoi 图的定义，每个发生元产生的 Voronoi 多边形内的任何一点到该发生元的距离要比它到其他发生元的距离近，所以构建 Voronoi 图方法的目的只有一个，即把每一部分空间划分给其最近的空间目标对象。这里介绍一种实现 Voronoi 图的优化栅格方法（王新生，2003）。

在平面栅格空间中，计算每一个栅格与各发生元栅格间的欧氏距离，两个栅格 $P(i,j)$ 和 $Q(k,l)$ 间的欧氏距离定义为 $d(P_{ij}, Q_{kl}) = \sqrt{(i-k)^2 + (j-l)^2}$，以距离最近的发生元栅格的代码作为该栅格的隶属代码，如此下去，直至所有栅格单元的归属都被确定为止，实际上这也是一种欧氏距离变换。由于要计算每个栅格与各个发生元间的距离，所以当发生元所占的栅格数量很多时，计算时间就会很长，为此作者提出一种优化算法。

实际上，在栅格空间中某个栅格只与几个空间目标邻近，而与许多其他空间目标的距离都较远。如果要计算某个栅格与所有发生元栅格间的距离，则存在许多不必要的计算，所以这种优化方法是查找栅格空间中任意栅格的空间邻近目标。

图 7.17(a) 是五个发生元（点、线、面）的栅格化图，共产生 34 个栅格。如果不进行优化计算，要计算某个背景栅格"0"与最近目标间的距离，则要计算 34 个距离，得出最小值。现对"0"栅格连续进行 8 邻域扩张运算，第一次扩张时，未碰到任何发生元栅格，对扩展到的栅格赋一个代码（如"−1"）（图 7.17(b)），继续扩张，按顺时针方向检索，最先碰到第 4 行第 3 列的栅格，该栅格的代码是"1"，表示是发生元为"1"。对于该栅格用"①"表示被检索到。由于该栅格位于"0"栅格的第四象限，所以行号≤4、列号≤3 的所有其他栅格与"0"栅格的距离都比第 4 行第 3 列的栅格与"0"栅格的距离要大，所以这些栅格都赋"−1"，表示后面不需要检索。下一个检索到的也是发生元为"1"的栅格。然后检索到属于发生元为"3"和"2"的各一个栅格（图 7.17(c)）。发生元为"2"的栅格位于"0"栅格的正南方向，所以行号大于第 8 行的其他栅格都赋"−1"代码。依此一步步扩张下去，直至所有栅格空间都被检索到。最后共检索到 6 个发生元所在的栅格（①、①、③、②、④、④）到"0"栅格的距离很近，通过计算这 6 个距离并比较即可得出最近的目标对象栅格，把此发生元栅格的代码赋给"0"栅格，这样就确定出"0"栅格的隶属。

该方法的编程实现是简单的。利用 GIS 软件 ArcInfo Workstation 中的 Grid 模块来实现空间目标的矢量图形的栅格化和计算数据的图形显示（图 7.18 至图 7.22）。

图 7.18 与图 7.3 其差异很小，所以是一种很好的逼近方法。同时栅格方法在处理线、面或更复杂的空间目标时，同处理点的方式一样（图 7.19 至图 7.22），且栅格方法生成 Voronoi 图算法复杂性小，易于实现。

（2）加权 Voronoi 图的构建

在许多实际问题中，要求生成 Voronoi 图的发生元要有一定的权重来反映发生元的不同性质，如居民点的人口多少、商业中心的大小、污染源的污染物多少和交通线的等级等，这要求构建加权 Voronoi 图。

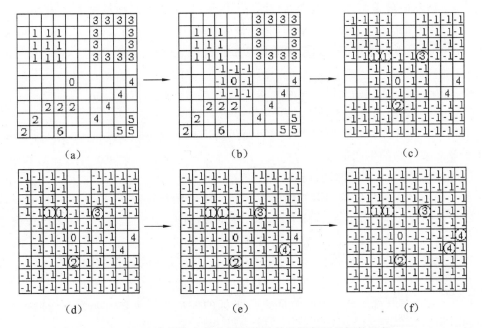

（a）　　　　　　　　（b）　　　　　　　　（c）

（d）　　　　　　　　（e）　　　　　　　　（f）

图 7.17　查找栅格空间中任意栅格的空间邻近目标的过程

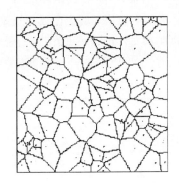

图 7.18　点 Voronoi 图（100 个点）

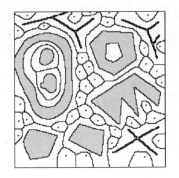

图 7.19　混合发生元（点、线、面）的 Voronoi 图

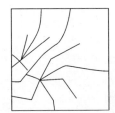

图 7.20　线 Voronoi 图

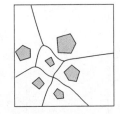

图 7.21　面 Voronoi 图

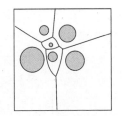

图 7.22　面 Voronoi 图（圆）

① 加权 Voronoi 图的定义

加权 Voronoi 图定义的距离是加权距离

$$d_w(p, p_i) = \frac{1}{w_{i1}} d(p, p_i) - w_{i2},　　　　　　　　(7.2)$$

式中，$w_{i1} > 0$、w_{i2} 是加权 Voronoi 图的权重。当 $w_{i2} = 0$ 时产生倍增的加权 Voronoi 图，是

在发生点集的扩散速度与权重成比例情况下形成的；当 $w_{i1}=1$ 时产生相加的加权 Voronoi 图；当 $w_{i1}\neq1$ 且 $w_{i2}\neq0$ 时产生复合的加权 Voronoi 图（compoundly weighted Voronoi diagram）。加权 Voronoi 图可表示为

$$V_w(p_i)=\bigcap_{i=1}^{n}\{p\,|\,d_w(p,p_i)\leqslant d_w(p,p_j)\}\quad(i\neq j)。\tag{7.3}$$

方程(7.3)表明权重越大，Voronoi 多边形的面积越大。

加权 Voronoi 图通常被应用于工厂和商店的市场区域分析，w_{i1} 和 w_{i2} 分别代表运输费用和商品或产品的生产价格。

② 构建加权 Voronoi 图的栅格方法

由于矢量方法构建任意图形的加权 Voronoi 图的困难性，这里提出一种简便的基于 GIS 的构建加权 Voronoi 图的栅格方法，这也是一种逼近的方法。目前，许多地理信息系统软件都有将矢量图形转化为栅格数据或栅格数据转化为矢量图形的功能，为了减少编程的工作量，这里介绍一种借助 ArcInfo Workstation 支持的构建加权 Voronoi 图的方法。现以点集的加权 Voronoi 图构建为例，说明其具体做法：

• 用 gridpoint 命令将包含有空间点位坐标的矢量图层数据转换为栅格数据，并把栅格数据放置在一个文本文件中。

• 利用(7.2)式计算每一个栅格单元与各发生点的加权距离，以距离最短的发生点栅格的代码作为该栅格单元的隶属代码，如此下去，直至所有栅格单元的归属都被确定为止。

• 把新的栅格单元代码数据写入到一个新的文本文件中，再用 gridpoly 命令将该代码数据转变为一个点的加权 Voronoi 图图层（在该方法的实现中，注意数据转换中所需要的文件头的内容）。

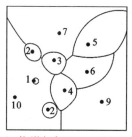
（a）倍增加权Voronoi图（点）
（数字表示w_{i1}）

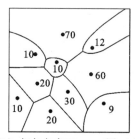
（b）相加加权Voronoi图（点）
（数字表示w_{i2}）

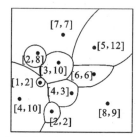
（c）复合加权Voronoi图（点）
（[…，…]中数字表示w_{i1}，w_{i2}）

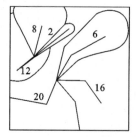
（d）倍增加权Voronoi图（线）
（数字表示w_{i1}）

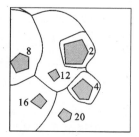
（e）倍增加权Voronoi图（面）
（数字表示w_{i1}）

图 7.23　加权 Voronoi 图

上述方法适合两维空间中任何目标对象,可以产生线的加权 Voronoi 图和面的加权 Voronoi 图。对于一个 300×300 的格网,随着空间实体(发生元)所占用的栅格数量的增加,运算仍然需要一定的时间。但是,当具体问题的规模不是很大或者是要求精度不是很高(这意味着可以采用比较大的栅格)时,这种方法是有效的。如何提高算法的时间效率将是值得进一步研究的方向。

7.1.3 Voronoi 图的应用

1. 界定城市的空间影响范围

一个 Voronoi 图中某个凸多边形内的任意一点到该凸多边形发生点或点集(或线、面)的距离都小于其到其他凸多边形发生点或点集(或线、面)的距离。

城市的空间作用力是随"距离"而衰减的,这个"距离"可能是直线欧氏距离、时间距离、经济距离或心理感应距离,或者是这几种距离的综合"距离"等。虽然网络信息技术逐渐导致了区位上的平等性趋势(Shen,1998),但根据 Golledge(1995)的研究,基于欧氏距离的空间选择行为仍然是首要因素。

若人类的各种社会经济活动的空间行为准则是根据最近距离选择空间行为目的地,则可以将 Voronoi 图内凸多边形发生点或点集理解为城市,凸多边形即可理解为城市的空间影响范围或空间服务范围。地理经济客体是多种多样的,在确定其空间影响范围时,则要求实际情况选定适当的 Voronoi 图,如地理客体可根据其容量、范围和地表分布形式不同,划分为点状地理客体(城市、县城、交通枢纽、商业中心和金融中心等)、线状地理客体(交通运输线、经济地带和河系等)和面状地理客体(经济区等),它们各自空间影响范围可分别采用普通 Voronoi 图、线 Voronoi 图、面 Voronoi 图来确定。若考虑其经济实力,则可用相应的加权 Voronoi 图来处理。在网络环境中,要确定由多个城市组成的系统中城市的空间影响范围,则可用网络 Voronoi 图。

两城市间的影响范围的划分,实际就是寻找与两城市的联系份额相等的那个平衡点的位置,因此 1930 年 Converse 在 Reilly 定律的基础上提出了寻找平衡点的所谓分界点公式或断裂点公式:

$$B_{jo} = \frac{d_{ij}}{1 + \sqrt{P_i/P_j}} \text{。} \tag{7.4}$$

式(7.4)中,当两个城市的规模相等($P_i = P_j$)时,断裂点 o 处于两个城市中间,否则断裂点与两城市间的距离是与"权重"成比例的("权重"与城市规模有关)。这两种情况分别可以理解为断裂点处于普通 Voronoi 图和加权 Voronoi 图的边上。

利用此方法,作者选择了河南省 24 个城市进行试验研究。如果不考虑这 24 个城市的综合实力值,可以利用普通 Voronoi 图来划定河南省 24 个城市空间影响范围(图 7.24),此时各城市的 Voronoi 区域内任意一点到其发生点城市的距离比到其他任何一个城市的距离都要近。当城市有综合实力差别时(表 7.1),此时城市综合实力值可理解为各城市的权重,则采用加权 Voronoi 图来确定空间影响范围,结果见图 7.25。由 24 个城市产生的普通 Voronoi 图主要与城市的空间分布有关,而由 24 个城市产生的倍增的加权 Voronoi 图,还与城市的综合实力值相联系。比较图 7.24 和图 7.25 中各城市的空间影响范围,可以清楚地看出其不同之处。图 7.24 中反映的各城市空间影响范围是指各城市的综合实力相等时的情形。在图 7.25 中,郑州市的空间影响范围几乎覆盖全省,这是与其强大的综合实力值有关的,也是与其省会城市的地位相适应的,而这时义马、卫辉和辉县等城市的空间影响范围大大缩小。更有趣的是,虽然信阳市的城市中心性强度只有 16.40,而开封市的城市中心性强度达到 28.51,但信阳市的空间影响范围要较开封市大,这主要是因为信阳市周围缺乏实力强大的城市,使其能成为区域的中心城市,影响范围也较大,而开封市在空间上相对而言离实力强大的郑州市很近(受到其"阴影"的影响),与其他周边大城市之间存在着激烈的空间"领地"竞争的缘故,这是符合实际情况的,所以相比之下加权Voronoi 图结果更能表示出河南省 24 个城市的空间影响范围。

表 7.1 河南省城市中心性强度

城市	郑州	洛阳	开封	新乡	濮阳	平顶山	安阳	许昌	焦作	三门峡	商丘	南阳
中心性强度	62.22	36.27	28.51	27.80	25.27	24.99	24.44	23.12	22.96	19.17	18.75	18.65
城市	信阳	驻马店	漯河	周口	鹤壁	辉县	邓州	汝州	济源	卫辉	禹州	义马
中心性强度	16.40	16.39	15.88	15.59	13.24	12.21	10.53	9.21	8.53	8.04	7.19	3.11

注:数据引自王发曾等(1992)的研究,表中"中心性强度"是一种度量城市在城市体系功能组织和区域开发中地位与综合实力的指标。

图 7.24 河南省 24 个城市的
普通 Voronoi 图   图 7.25 河南省 24 个城市的倍增的
加权 Voronoi 图

依据图 7.25 为基础,可以统计各城市空间影响区域内各种社会经济要素的空间分布特征,供进一步分析研究使用。本应用研究是基于理想条件的:各种社会经济要素在平面空间上分布是均匀的;各种社会经济活动的条件在平面上是均匀分布的;各城市影响范围在空间上是不重叠的。为了使城市空间影响范围更切合实际,必须研究各种社会经济要素在地面上的分布状况,地面交通网分布状况等。

为了使城市空间影响范围更切合实际,必须研究各种社会经济要素在地面上的分布状况,地面交通网分布状况,选取更能反映城市空间影响力的指标,空间行为准则是基于一个综合各种因素的因子等。若更全面地考虑更多因素,则其数据可直接为区域、城市规划提供参考,这需要进一步研究。

2. 用于设施的负荷分析

学校、医院等公共设施一般为其周围的居民服务，这些设施在现在和将来能否满足城市居民的要求是规划人员所关心的问题。评价设施的运转负荷可以用 Voronoi 多边形来完成初步的分析。

现假定评价小学的负荷状况，需要准确的小学分布图及城市土地利用、人口分布图。

第一步，确定各小学的位置。

第二步，构成小学的 Voronoi 多边形。

第三步，统计各 Voronoi 多边形内人口状况，理想的方法是能够获取多边形内各栋住房的居民结构，经简单的累加即可得到各区人口的数量及年龄结构。由于目前不可能有如此详细的信息，只能从住房的结构及数量上作简要的估计，得出现在和将来小学生的数量。

第四步，分别将各小学的规划容量与其实际需求作对比，即可获得该学校是否满足要求的定量信息。

其他设施负荷的评定过程与此大致类似，只是数据源的要求有些不同。但需指明，城市中道路、建筑物等的空间分布是不规则的，不能保证各个方向都通畅无阻（如直线距离和街道网络距离的差异），因此用 Voronoi 多边形确定的服务范围并不能完全反映客观实际。如果设施的服务不受空间地物的阻隔限制，那么 Voronoi 多边形的应用将更被人们所接受。传呼台就是这样一类设施，除高大建筑物的阻挡外，由它发射的电磁波基本均匀地覆盖其周围一定范围的区域。所以，将传呼台构成的 Voronoi 多边形与其实际功率所覆盖的空间范围进行对比，可以评价城市各地接受到的移动通信的服务水平。

3. 点状目标的空间分布分析

(1) 平面分布点集的空间格局分析

点集的空间格局通常可以归为三种类型，即规则分布（regular distribution），随机分布（random distribution）和集群分布（clustered distribution）。目前，测度点状分布的空间格局的方法主要是采用最近邻点指数和邻点平均数的方法（林炳耀，1985；郭仁忠，1997），采用柯尔摩哥夫-史密尔诺夫公式（Kolmogorov-Smirnov）和罗伦兹曲线（Lovenz Curve），利用格网中城市数进行统计的方法（许学强等，2001）。这里介绍基于 Voronoi 图的方法。

① 基于 Delaunay 三角形的方法分析点集的空间分布格局

如果点集的点完全规则地分布于正三角形格网上（图 7.26(a)），则所有的 Voronoi 多边形是规则的正六边形（图 7.26(a)中用虚线表示），Delaunay 三角形是等边三角形（图 7.26(a)中用细线表示），三角形的内角为 $\pi/3$，所以如果某个点集的 Delaunay 三角形的最小内角有较高的频率接近 $\pi/3$，那么可以大致得出这样的结论，这个点集的分布接近于正三角形格网规则分布。如果实验点集的 Delaunay 三角形的最小内角有较高的频率接近 $\pi/4$，则这个点集的分布接近于正方形格网规则分布（图 7.26(b)）。如果点集呈集群分布且点群间有较远的距离，则它的 Delaunay 三角网中有许多 Delaunay 三角形的最小内角是很小的（图 7.26(c)）。

② 基于 Voronoi 多边形面积的方法分析点集的空间分布格局

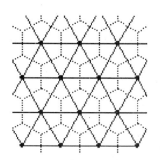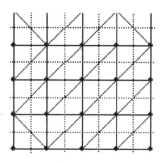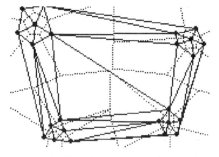

(a) 三角形格网分布形式的
点集的Voronoi图（虚线）
和Delaunay三角形（细线）

(b) 方形格网分布形式的点
集的Voronoi图（虚线）和
Delaunay三角形（细线）

(c) 集群分布点集的Voronoi图
（虚线）和Delaunay

图 7.26　不同分布形式点集的 Delaunay 三角网

点集的泊松分布是指点集的随机分布，不同于泊松分布的两种情况是空间规则分布和集群分布。Voronoi 分割可以用来判断点集的空间分布属于哪一种形式。当点集在平面上呈现泊松分布时，Voronoi 多边形面积是有变化的，有些是面积大的 Voronoi 多边形，有些是面积小的 Voronoi 多边形。Voronoi 多边形面积的变化性是很容易通过其方差来估计的。变异系数(the coefficient of variation，CV)是 Voronoi 多边形面积的标准差与平均值的比值，它可以衡量现象在空间上的相对变化程度。当某个点集的空间分布为规则分布时，CV 是低的；当为集群分布时，在集群（"类"）内的 Voronoi 多边形面积较小，而在集群间的面积较大，CV 是高的。但是应该注意的是，规则的周期结构也会导致较高的 CV 值；周期性重复出现的集群分布也会形成高的 CV 值。Duyckaerts 和 Godefroy(2000)提出了三个建议值，当点集为随机分布时，CV 值为 57%（包括从 33% 到 64%）；当点集为集群分布时，CV 值为 92%（包括大于 64%）；当点集为规则分布时，CV 值为 29%（包括小于 33%）。

图 7.27(a)是我国大陆 102 个城市的 Voronoi 图（如前所述），图 7.27(b)、(c)、(d)分别是湖北省、河南省和安徽省的县城、城市驻地的 Voronoi 图，这四幅图的 CV 值分别是289.29%、34.94%、50.41%、38.18%。按 Duyckaerts 和 Godefroy 的建议值来分析，图7.10(a)是集群分布，图 7.27(b)、(c)、(d)都是随机分布，图 7.27(b)和图 7.27(d)有规则分布趋势。这说明我国实力较强的 102 个城市呈集群分布，主要集中分布于我国东部地区，而另三个行政区的居民点的分布则无明显规律。

（2）点群的空间聚类分析

空间聚类的目的是对空间目标的集群性进行分析，将其分为几个不同的子群（类）。聚类分析包括聚类和判别聚类两种方法等。

Duyckaerts 等人(1994)提出利用 Voronoi 多边形的面积，通过一个三步迭代的方法来进行点群聚类。第一步是找到点群的 Voronoi 多边形中面积最小的 Voronoi 多边形，将它作为参考多边形。第二步是检验连续连接于参考多边形的邻近多边形，如果其面积不超过参考多边形面积的某个预先给定的比例（或者称为一个阀值），则将其加入面积不超过参考多边形面积的某个预先给定比例的多边形中。这一步重复进行直至没有新多边

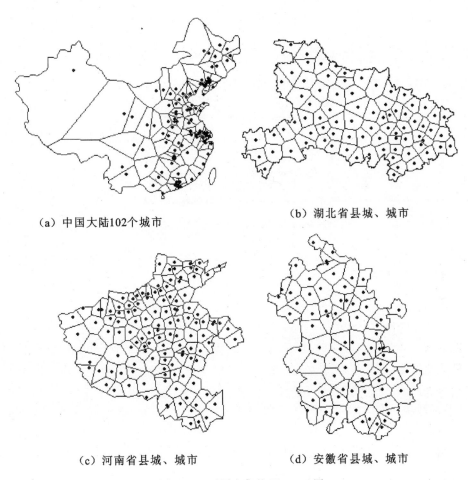

(a) 中国大陆102个城市

(b) 湖北省县城、城市

(c) 河南省县城、城市

(d) 安徽省县城、城市

图 7.27　不同点集的 Voronoi 图

形的面积超过这个阀值。这个阀值可以根据 Voronoi 多边形面积上的差异或面积比例上的差异等来确定(Duyckaerts and Godefroy,2000)。第三步是从点群中删去那些按上述方法定义的类(点群)。对剩下的点群重复上述三步,直至没有新类产生。

　　图 7.28 是基于 1994 年 Duyckaerts 等人的方法进行的我国大陆 102 个城市的聚类分析。图 7.28 显示了三个集聚的点群(阀值为 1000%),第一个是以广州为中心的华南城市群,第二个是以上海为中心的华东城市群,第三个是北京、天津和沈阳为中心的华北、东北城市群。

　　Voronoi 图是对空间的无缝剖分,所以上述规则会受到人为划定边界的影响,当边界被划得很大时,边缘点的 Voronoi 多边形面积较大,反之边缘点的 Voronoi 多边形面积较小,这使得 Duyckaerts 等人(1994)的方法在实际应用中会出现一些问题。后来,Duyckaerts 和 Godefroy(2000)提出一种改进方法。这种方法是,预先消除那些与边界接触的 Voronoi 多边形,这个过程称为"侵蚀(erosion)",余下的 Voronoi 多边形再进行进一步聚类分析。这种方法也是有缺陷的。如图 7.29 所示,图 7.29(a)中有三个聚集的"类"A,B,C,但在"侵蚀"后,一些原本属于这三类的点被"侵蚀"了。

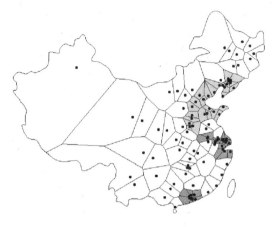

图 7.28　我国大陆 102 个城市的聚类

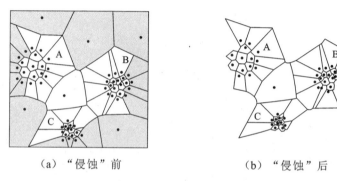

（a）"侵蚀"前　　　　　　　　　（b）"侵蚀"后

图 7.29　点集的边缘 Voronoi 多边形的"侵蚀"

7.2　分形维数的计算及应用

7.2.1　分形理论

1. **整数维数与分数维数**

几何空间目标的空间维数有整数维数与分数维数两种描述方法。

（1）整数维

根据欧氏理论,可以用整数来表示几何物体的维数,如 0,1,2,3 维等,但是整数表示的维数往往不能充分反映几何物体的某些特性,如形态特征和空间延展特性等。

（2）分数维

所谓分形(Fractal)原意为破碎和不规则,用以指那些与整体以某种方式相似的部分构成的一类形体,其基本特征是自相似性(Self-similarity),图 7.30 描述的就是一类分形结构。

由于没有特征尺度,分形体不能用一般测度(如长、宽、高等)进行度量,描述分形的特征参数是分形维数(fractal dimension,简称分形维或分维数)。

分维数的特征:一是自相似性。整体与局部的相似,这种相似可以是形态、空间、时

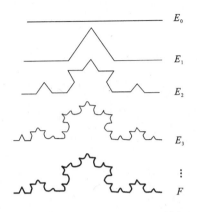
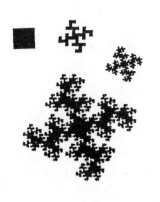

图 7.30 分形结构

间、功能等方面的相似。二是可以是规则与确定性的,也可以是随机与统计性的。前者严格满足自相似原则,是纯数学的。后者仅指在概率分布和统计规律上满足自相似原则。

2. 分形维定义

常用的分形维有 Hausdorff 维数、计盒维数、相似维数、信息维数和关联维数等,在地理学广泛研究应用的是计盒维数,又可细分为边界维数、半径维数和网格维数等。这里主要讨论基于三种不同定义的分维数,属于边界维数。

(1) 基于面积-周长关系定义的分形维数

在分形维估值中,网格法是最常见方法。使用不同大小的正方形格网覆盖城市平面轮廓图形,当正方形网格长度 r 出现变化时,覆盖有目标图形边界线的网格数目 $N(r)$ 和覆盖面积的网格数目 $M(r)$ 必然会出现相应的变化。根据分形理论有下式成立:

$$N(r)^{1/D} \propto M(r)^{1/2}, \tag{7.5}$$

对(7.5)式两边同取对数可得

$$\ln N(r) = C + D \ln M(r)^{1/2}, \tag{7.6}$$

其中,C 为待定常数,D 为城市平面轮廓图形的维数。只需在不同大小正方形格网覆盖下获得不同的点对 $(\ln N(r), \ln M(r)^{1/2})$,然后拟合这些点对,求得回归方程,其斜率即为 D 的估值。

(2) 基于周长-尺度关系定义的分形维数

使用不同大小的正方形格网覆盖城市平面轮廓图形,当正方形网格长度 r 出现变化时,覆盖有目标图形边界线的网格数目 $N(r)$ 必然会出现相应的变化。根据分形理论有下式成立:

$$N(r) \propto r^{-D}, \tag{7.7}$$

对(7.7)式两边同取对数可得

$$\ln N(r) = -D \ln r + C, \tag{7.8}$$

其中,C 为待定常数,D 为目标图形的维数。只需在不同大小正方形格网覆盖下获得不同的点对 $(\ln r, \ln N(r))$,然后拟合这些点对,求得回归方程,其斜率即为 D 的估值。

(3) 基于面积-尺度关系定义的分形维数

使用不同大小的正方形格网覆盖城市平面轮廓图形,当正方形网格长度 r 出现变化时,则覆盖面积的网格数目 $M(r)$ 必然会出现相应的变化。根据分形理论有下式成立：

$$M(r) \propto r^{-D},\tag{7.9}$$

对(7.9)式两边同取对数可得

$$\ln M(r) = -D \ln r + C,\tag{7.10}$$

其中,C 为待定常数,D 为目标图形边界线的维数。只需在不同大小正方形覆盖下获得不同的点对 $(\ln r, \ln M(r))$,然后拟合这些点对,求得回归方程,其斜率即为 D 的估值。这种定义方式与许多文献中提及的格网维数是一致的。

3. 分维数的地理学意义

(1) 平面线状目标的分维数范围:1.0~2.0。

(2) 平面空间目标所包含"细节"的多寡程度。

(3) 对平面的填充能力(线状空间目标)。

7.2.2　基于 ArcGIS 的分维值计算

在熟悉了分形维计算公式的基本含义后,就可以利用 ArcGIS 的功能进行分维数的计算:利用 ArcToolBox,将图层栅格化处理,打开属性表即可查看每个栅格层(＊.img)的属性,然后通过 Excel 计算分维数(图 7.31,图 7.32)。

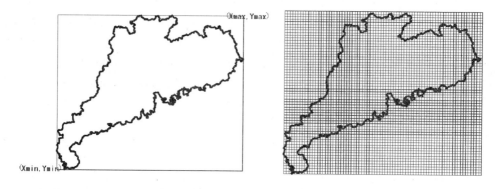

图 7.31　矢量图形的栅格化图形

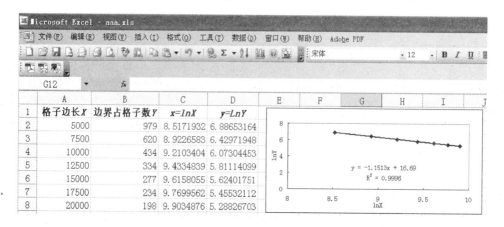

图 7.32　利用 Excel 计算分维数

分维计算中存在两个基本问题：一是，无标度空间的问题。对于自然界大量存在的随机分形，不像数学上的分形，具有在无穷尺度上的自相似或自仿射性，只是在一定范围内存在，也就是说只在一定的尺度范围内具有分形性，这个尺度范围称之为无标度区。二是，"同维异物、异物同维"问题。也就是说，维数与物体形态不是一一对应的关系。虽然维数相同，但是可能是不同空间对象，不同空间对象则有可能具有相同的维数。

7.2.3 应用案例

城市有着复杂的、非线性的空间形态，这种空间形态具有分形特征（Batty and Longley，1988；Benguigui and Czamanski，2004；De Keersmaeeker 等，2003；Shen，2002），具有内在的自组织、自相似和分形生长的能力，这意味着城市空间形态演变可能受到某种隐含规则的支配，这就使得采用分形理论分析城市空间形态变得十分重要，也成为城市地理、城市规划研究的热点问题之一。

城市空间形态的分形维都反映着城市平面轮廓边界线的复杂曲折程度。线状要素的分形维只能根据周长-尺度关系来定义维数，面状图形要素可以采用上述两种定义方式测定维数，但是根据周长-尺度关系来定义的维数主要反映着城市平面轮廓边界线的对平面空间的填充能力、复杂曲折程度或者说目标图形边界线所含"细节"的多寡程度，而根据面积-周长关系来定义的维数还含有形状上的意义，描述了目标图形面积-轮廓线周界长度关系方面的复杂程度，反映城市用地轮廓线边界的复杂曲折程度，用地破碎程度，城市内部空隙多少。分形维越高，目标图形边界线不规则的复杂程度越大，城市内部存在大量空隙；相反，分形维越小，目标图形边界线不规则的复杂程度越小，城市内部空隙相对较少。

1. 数据来源

城市空间形态包括城市平面轮廓形态、城市用地空间结构和城市道路网等要素，这里主要选取城市平面轮廓图形进行分析。所使用的数据来自中国科学院地理科学与资源研究所建立的国家资源环境数据库，主要有 2000 年建立的反映中国 2000 年土地利用的 1:10 万土地利用数据库，2001 年建立的反映 1990 年土地利用的 1:10 万土地利用数据库等。土地利用类型包括 6 个一级类型（耕地、林地、草地、水域、城乡工矿居民用地和未利用土地），25 个二级类型（刘纪远等，2002）。选定 1990 年城市非农业人口在 100 万以上的 31 个特大城市作为试验对象，提取了这 31 个城市建设用地部分，经过一定的图形编辑，得出了 1990 年和 2000 年城市主要建成区的空间范围（图 7.33）。

2. 中国城市空间形态的分形特征

借助 GIS 软件的支持，采用了 19 种不同尺度格网覆盖研究城市，分别得到了我国 31 个城市空间形态的基于三种定义的分维数（表 7.2）。在 log-log 坐标系中，所有点对线性拟合的相关系数 R^2 都在 0.99 以上。

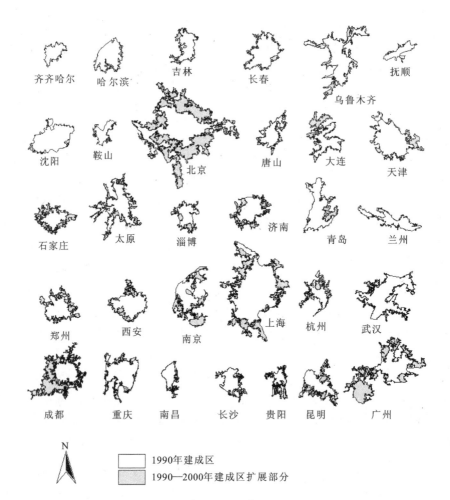

图 7.33　1990 年和 2000 年中国 31 个城市建成区范围

表 7.2　1990 年和 2000 年 31 个城市的分形维

城市名称	1990 年分形维			2000 年分形维		
	面积-周长关系	周长-尺度关系	面积-尺度关系	面积-周长关系	周长-尺度关系	面积-尺度关系
齐齐哈尔	1.355	1.177	1.735	1.340	1.174	1.750
哈尔滨	1.369	1.240	1.811	1.307	1.195	1.827
吉林	1.424	1.258	1.767	1.432	1.265	1.766
长春	1.404	1.269	1.807	1.401	1.273	1.816
乌鲁木齐	1.447	1.262	1.743	1.441	1.253	1.738
抚顺	1.411	1.173	1.659	1.366	1.143	1.672
沈阳	1.300	1.198	1.843	1.278	1.177	1.840
鞍山	1.469	1.261	1.717	1.380	1.180	1.708
北京	1.502	1.350	1.796	1.444	1.344	1.861
唐山	1.500	1.293	1.722	1.456	1.275	1.750
大连	1.489	1.291	1.732	1.474	1.284	1.741
天津	1.376	1.253	1.821	1.356	1.232	1.816
石家庄	1.571	1.388	1.766	1.466	1.327	1.810

城市名称	1990 年分形维			2000 年分形维		
	面积-周长关系	周长-尺度关系	面积-尺度关系	面积-周长关系	周长-尺度关系	面积-尺度关系
太原	1.554	1.338	1.720	1.538	1.337	1.737
淄博	1.525	1.314	1.721	1.493	1.317	1.763
济南	1.433	1.283	1.788	1.463	1.323	1.808
青岛	1.377	1.229	1.785	1.305	1.177	1.802
兰州	1.482	1.250	1.685	1.471	1.240	1.684
郑州	1.506	1.333	1.769	1.426	1.281	1.796
西安	1.461	1.316	1.802	1.366	1.253	1.835
南京	1.569	1.369	1.744	1.494	1.318	1.763
上海	1.481	1.383	1.867	1.422	1.319	1.854
杭州	1.599	1.317	1.645	1.565	1.342	1.713
武汉	1.475	1.313	1.779	1.494	1.336	1.787
成都	1.676	1.484	1.771	1.674	1.515	1.810
重庆	1.505	1.348	1.791	1.446	1.299	1.796
南昌	1.454	1.259	1.731	1.502	1.295	1.724
长沙	1.532	1.345	1.754	1.526	1.339	1.755
贵阳	1.748	1.502	1.717	1.742	1.504	1.726
昆明	1.588	1.363	1.716	1.472	1.309	1.778
广州	1.403	1.249	1.778	1.544	1.377	1.782
平均值	1.483	1.303	1.757	1.454	1.290	1.774

（1）三种定义的分形维数之间的关系

基于面积-周长关系定义和周长-尺度关系定义的分形维在理论上应该相等，但由于目标图形空间形状不是严格意义上的分形体，所以实测值有一定差异，这涉及深刻的理论问题。计算结果也表明，基于面积-周长关系定义和周长-尺度关系定义计算的 31 个城市分形维平均值有一定差异，1990 年分别是 1.483 和 1.303，2000 年分别是 1.454 和 1.290，每个城市分形维也是有差异的，但仔细分析会发现两者之间存在显著的线性正相关关系（图 7.34，图 7.35），即随着基于周长-尺度关系定义的分形维数增加，基于面积-周长关系定义的分形维数也增加。所以在实际应用研究中，无论采用哪种定义方式，虽然个体的分维值有一定差异，但是所反映的总体特征和变化趋势是一样的。

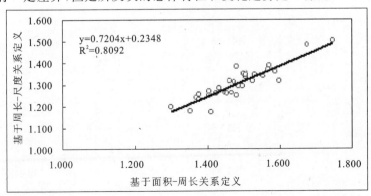

图 7.34　基于两种定义的分形维之间关系（1990 年）

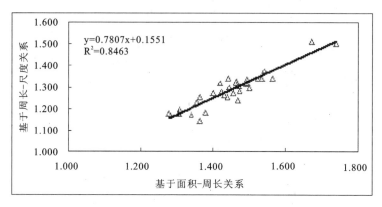

图 7.35　基于两种定义的分形维之间关系（2000 年）

　　基于面积-尺度关系定义的分形维数则与前两者不同（表 7.3，表 7.4），计算具体数值比前两者要大许多，相互之间不存在关系。但是基于面积-尺度关系定义的分形维数却与城市非农业人口数和城市用地规模存在线性相关关系（图 7.36、图 7.37、图 7.38、图 7.39），这与 Shen（2002）的分析结果类似。

表 7.3　1990 年 31 个城市的分形维、非农业人口和建成区面积

城市名称	分形维（基于面积-尺度关系）	城市非农业人口数/万	ln（城市人口数）	面积/m²	ln（面积）
齐齐哈尔	1.735	107.01	4.673	66 333 460	18.010
哈尔滨	1.811	244.34	5.499	137 407 776	18.738
吉林	1.767	103.69	4.641	88 497 736	18.298
长春	1.807	167.93	5.124	164 920 624	18.921
乌鲁木齐	1.743	104.69	4.651	220 841 952	19.213
抚顺	1.659	120.24	4.789	52 309 464	17.773
沈阳	1.843	360.37	5.887	202 552 288	19.127
鞍山	1.717	120.40	4.791	56 151 392	17.844
北京	1.796	576.96	6.358	399 266 080	19.805
唐山	1.722	104.42	4.648	87 362 440	18.286
大连	1.732	172.33	5.149	105 704 072	18.476
天津	1.821	457.47	6.126	231 401 120	19.260
石家庄	1.766	106.84	4.671	86 894 568	18.280
太原	1.720	153.39	5.033	181 440 800	19.016
淄博	1.721	113.81	4.735	77 413 176	18.165
济南	1.788	145.92	4.983	114 430 936	18.555
青岛	1.785	145.92	4.983	165 043 824	18.922
兰州	1.685	119.46	4.783	97 599 472	18.396
郑州	1.769	115.97	4.753	113 065 008	18.543
西安	1.802	195.20	5.274	147 090 192	18.807
南京	1.744	209.02	5.342	116 616 552	18.574
上海	1.867	749.65	6.620	489 095 840	20.008
杭州	1.645	109.97	4.700	67 481 592	18.027
武汉	1.779	328.42	5.794	257 118 416	19.365
成都	1.771	71.33	5.144	112 460 728	18.538
重庆	1.791	226.68	5.424	173 425 760	18.971
南昌	1.731	108.61	4.688	57 032 472	17.859
长沙	1.754	111.32	4.712	87 700 432	18.289
贵阳	1.717	101.86	4.624	60 458 764	17.917
昆明	1.716	112.89	4.726	112 304 768	18.537
广州	1.778	291.43	5.675	157 074 640	18.872

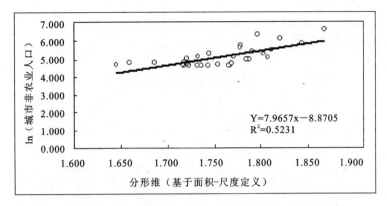

图 7.36　分形维与城市非农业人口数之间的关系(1990 年)

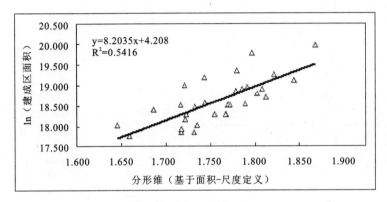

图 7.37　分形维与城市建成区面积之间的关系(1990 年)

表 7.4　2000 年 31 个城市的分形维、非农业人口和建成区面积

城市名称	分形维(基于面积 -尺度关系)	城市非农业 人口数/万	ln(城市人口数)	面积/m²	ln(面积)
齐齐哈尔	1.750	112.38	4.722	68 186 960	18.038
哈尔滨	1.827	263.59	5.574	146 102 656	18.800
吉林	1.766	124.36	4.823	103 689 648	18.457
长春	1.816	217.01	5.380	181 728 176	19.018
乌鲁木齐	1.738	131.35	4.878	249 104 064	19.333
抚顺	1.672	124.67	4.826	53 726 640	17.799
沈阳	1.840	394.86	5.979	209 281 056	19.159
鞍山	1.708	129.06	4.860	61 884 524	17.941
北京	1.861	726.88	6.589	869 369 600	20.583
唐山	1.750	126.15	4.837	106 656 144	18.485
大连	1.741	207.69	5.336	158 384 224	18.881
天津	1.816	499.01	6.213	271 557 280	19.420
石家庄	1.810	145.14	4.978	144 974 960	18.792
太原	1.737	185.11	5.221	223 549 824	19.225
淄博	1.763	148.1	4.998	97 510 336	18.395

城市名称	分形维(基于面积 -尺度关系)	城市非农业 人口数/万	ln(城市人口数)	面积/m²	ln(面积)
济南	1.808	180.13	5.194	166 057 760	18.928
青岛	1.802	183.56	5.213	198 374 144	19.106
兰州	1.684	148.08	4.998	98 836 280	18.409
郑州	1.796	159.47	5.072	163 903 520	18.915
西安	1.835	252.51	5.531	185 588 800	19.039
南京	1.763	255.86	5.545	216 097 008	19.191
上海	1.854	938.21	6.844	667 957 184	20.320
杭州	1.713	143.69	4.968	106 454 208	18.483
武汉	1.787	441.14	6.089	278 595 840	19.445
成都	1.810	227.68	5.428	263 406 832	19.389
重庆	1.796	381.66	5.945	202 485 744	19.126
南昌	1.724	133.94	4.897	67 869 640	18.033
长沙	1.755	143.48	4.966	98 920 992	18.410
贵阳	1.726	130.49	4.871	63 917 044	17.973
昆明	1.778	150.26	5.012	158 278 224	18.880
广州	1.782	401.4	5.995	359 960 640	19.702

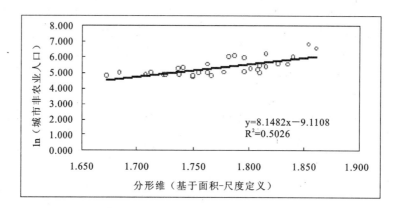

图 7.38　分形维与城市非农业人口数之间的关系(2000 年)

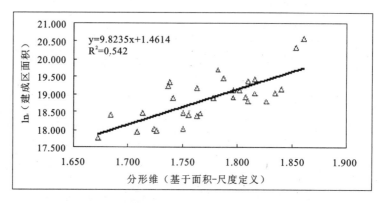

图 7.39　分形维与城市建成区面积之间的关系(2000 年)

（2）中国城市空间形态的分形特征及时空变化

采用基于面积-周长关系定义的分形维计算结果来阐述我国城市的空间形态特征及其时空变化。1990年分形维较大的城市是贵阳、成都和杭州等，较小的是沈阳、齐齐哈尔和哈尔滨等，分形维最大差异为0.448。2000年分形维较大的城市仍然是贵阳、成都和杭州等，较小的是沈阳、青岛、齐齐哈尔和哈尔滨等，分形维最大差异为0.464。无论是1990年还是2000年，分形维较大的几个城市都是南方城市，而分形维较小的几个城市都是北方城市。这或许是由于南方的这些城市多处在山区、湖泊或河网密集的地区，规划更多受到自然环境制约，形成城区周界破碎，用地凌乱，形状不规则，城市内部空隙多。而北方多处在平原地区，受规划、自然条件影响小，城区周界较整齐、规则，城市内部空隙较少。总体上说，从1990年到2000年31个城市的分形维是减少的，其平均值从1990年的1.483下降到2000年的1.454,31个城市中有26个城市减少，只有5个城市的分形维增加（图7.40、图7.41），其中分形维增加较多的城市是广州、南昌和济南等，减少较多是昆明、石家庄和西安等，而成都、长春和长沙等城市变化不大。这说明，我国受到耕地严重稀缺的影响，城市规划更多地注意耕地保护，城市内部空隙被填充，城市用地更紧凑，城市周界复杂性减少，形状更规则。一般来说，分形维减少是一种更好的趋势，这说明城市建设更多地受到规划控制，不是盲目发展，自由延伸，所以城区周界整齐、规则，用地紧凑节约。

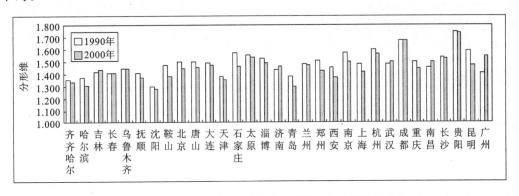

图7.40　1990年、2000年31个城市分形维（基于面积-周长定义）

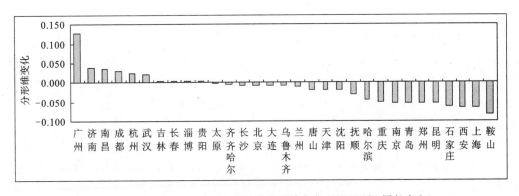

图7.41　1990—2000年31个城市分形维变化（基于面积-周长定义）

7.3 形状测度方法及应用

城市平面轮廓形状是经济、政治和社会因素相互作用的结果,同样城市平面轮廓形状也会影响到城市交通、环境和生产生活等多方面。例如,住宅用地形状紧凑可以减少外界环境影响,"紧凑城市"(compact city)可以减少城市内部交通的距离和郊区的城市化(Gert,2000),非紧凑的长条形公园有利于邻近居民的进入。但是,在我国城市研究中较少进行城市形状的变化以及由此带来的社会经济环境变化方面的研究(郑莘等,2002)。在研究方法上,常常采用定性描述方法来表达城市形状,如方形城市、圆形城市或长条形城市等描述性语言,城市形状对比研究也较多采用视觉区分的方法。本节将利用国家资源环境数据库中动态土地利用数据,提取不同时期城市建设用地信息,获得城市主建成区轮廓形状,利用形状指数方法测度不同时期城市轮廓的形状,确定中国城市的形状类型,通过不同时期形状指数的分析探讨我国城市形状变化的时空特征。

目前,在地学领域中用于测度形状的方法主要有两类,有基于平均意义上的粗糙测度方法,如形状率、圆形率、紧凑度、椭圆率指数和延伸率等(林炳耀,1985;郭仁忠,1997),也有基于图形周界测度的较精确方法,如 Bunge 在 1962 年提出的基于间隔选取图形周界上顶点或节点的方法(Boyce and Clark,1964),Boyce 和 Clark 在 1964 年提出的半径形状指数(Boyce and Clark,1964),利用傅里叶变换方法计算图形的形状指数(Moellering and Rayner 1981,1982;张根寿等,1994),基于形状要素功能的形状指数方法(Medda et al.,1998),分形分析方法(王桥等,1998)等,这些方法各有特点。

7.3.1 Boyce-Clark 形状指数方法

Bunge 方法、Boyce-Clark 方法和傅里叶变换方法计算形状指数的精度依赖于选取的顶点或节点、半径的数量,选取的数量越多,计算结果越精确,其中 Boyce-Clark 方法和傅里叶变换方法,当辐射半径与轮廓周界线有多次相交时,有不同的处理方法,得出的结果也不同。上述 4 种方法(Bunge 方法、Boyce-Clark 方法、傅里叶变换方法和 Medda 等的形状指数方法)对于形状复杂的图形,如形状中存在"岛屿"、"空洞"以及形状破碎等,在处理时显得有困难。分形分析方法虽然能够反映复杂形状的非线性复杂程度,但亦存在"同维异构"现象。

虽然在不同的文献中,对 Boyce-Clark 方法的计算精度有不同的评价(Lo,1980;Griffith et al.,1986;Lee and Sallee,1970),但是根据作者的试验,这种方法试验结果要较其他方法效果好,能够反映形状的一般特征,已经公开的应用研究结果也表明其良好的应用效果(Lo,1980;程连生等,1995),作者采用这种方法进行我国城市形状的变化分析。

Boyce-Clark 形状指数(Boyce and Clark shape index)是 1964 年 Boyce 和 Clark 提出的。其基本思想是将研究的形状与标准圆形形状进行比较,得出一个相对指数的方法。这种方法是一种基于半径的测度,所以也被称为半径形状指数。其计算公式为

$$\text{SBC} = \sum_{i=1}^{n} \left| \left(\left(r_i / \sum_{i=1}^{n} r_i \right) \cdot 100 - \frac{100}{n} \right) \right|, \tag{7.11}$$

其中,SBC 是 Boyce-Clark 形状指数;r_i 为从某个图形的优势点(vantage point)到图形周界的半径长度,n 是具有相等角度差的辐射半径的数量。城市形状的优势点可以是 CBD 中心或形状的形心(cnetroid)。n 可以是 16,这时相邻半径之间的夹角是 22.5 度;n 为 32 时,夹角为 11.25 度。

表 7.5 是几个简单图形(图 7.42)采用 Boyce-Clark 形状指数方法时的计算结果($n=32$)。形状最紧凑的圆形有最小形状指数,其值为 0.000,形状较紧凑的正多边形次之,接下来分别是形状紧凑性较差的矩形和具有凹凸特征的星形、H 形、X 形以及带状矩形和线状矩形等,直线的形状指数最高,达到 187.500(图 7.43)。

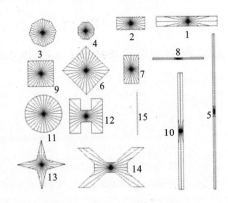

图 7.42　15 个图形

表 7.5　15 个图形的形状指数

图形编号	图形类型	形状指数
11	圆　形	0.000
3	正八边形	1.960
4	正八边形	2.060
6	菱　形	9.656
9	正四边形	9.658
7	矩　形	25.286
2	矩　形	33.041
13	星　形	34.852
12	H　形	49.706
1	长条矩形	59.880
14	X　形	66.366
10	带状矩形	90.851
8	线状矩形	94.011
5	线状矩形	122.404
15	直　线	187.500

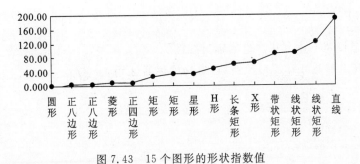

图 7.43　15 个图形的形状指数值

7.3.2 基于 ArcGIS 的测度 Boyce-Clark 形状指数的方法

1. 找出形状的形心(Centroidlabels)

```
Arc:createlabels
Usage:CREATELABELS<cover> {id_base}
Arc:createlabels hb
 Creating polygon labels for hb
Arc:centroidlabels
Usage:CENTROIDLABELS<cover> {OUTSIDE|INSIDE}
Arc:centroidlabels hb INSIDE
 Moving polygon labels for hb
Arc:ungenerate
Usage:UNGENERATE<LINE|POINT|POLY|TIC|LINK|REGION.subclass|
                ANNO.subclass> <in_cover> <out_generate_file>
                {NODES|NONODES}{EXPONENTIAL|FIXED}
Arc:ungenerate point hb hblabel.txt #FIXED
```

2. 按照一定角度产生辐射线(编程方法等)

```
Arc:generate radial
Copyright(C)1982-2004 Environmental Systems Research Institute,Inc.
All rights reserved.
GENERATE 9.0(Fri Mar  5 16:09:26 PST 2004)


Generate:input result.txt
Generate:lines
Creating Lines with coordinates loaded from result.txt
Generate:q


Externalling BND and TIC...


Arc:clean radial ###line
Cleaning D:\WORKSPACE\SHAPE_INDICES\RADIAL
 Sorting...
 Intersecting...
 Assembling arcs...
```

图 7.44 是按照上述方法产生的辐射线图。

3. 辐射线图形与目标图形的叠加,做切除运算(Clip)

```
    Arc:clip radial hb radial1 line
    Clipping radial with hb to create radial1.
     Sorting...
     Intersecting...
     Assembling lines...
     Creating D:\WORKSPACE\SHAPE_INDICES\RADIAL1.AAT...
    Arc:
```

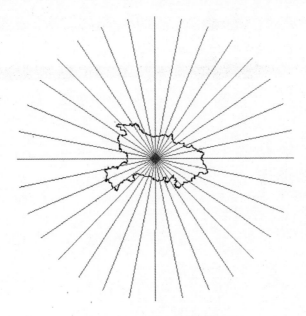

图 7.44　切除运算结果图

图 7.45 是辐射线图形与目标图形叠加后产生的裁切结果图。

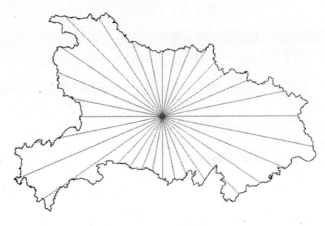

图 7.45　裁切结果图

4. 计算辐射半径长度

根据上面图形特点,辐射线只需要选取辐射半径长度最长的 32 条(图 7.46)。图 7.47 是一种采用 ArcView3.2a 中表的方法来计算辐射半径长度,有时则需要通过编程方法实现。

5. 利用上述公式计算图形的形状指数

根据公式(7.11),采用 Excel 即可计算得出形状指数值为 29.066。

6. 与简单图形形状指数比较,得出形状类型

对照表 7.5,可以初步判断目标图形接近矩形。

7. 形状测度的 Boyce-Clark 形状指数方法存在缺陷

(1) Boyce-Clark 形状指数方法同一些方法一样,其精度依赖于选取的顶点或节点、半径的数量。选取顶点或节点、半径的数量越多,计算结果越精确。

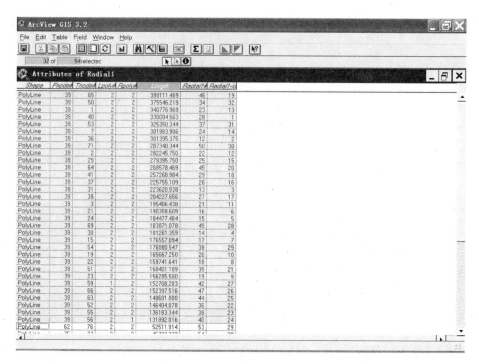

图 7.46 计算辐射半径

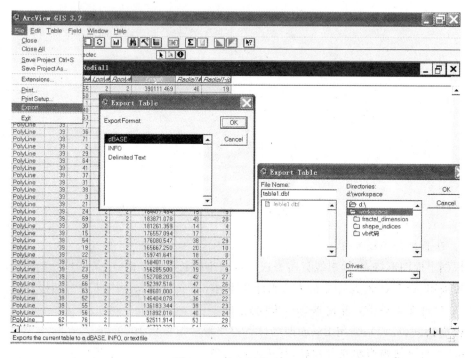

图 7.47 输出辐射半径

（2）当辐射半径与轮廓周界线有多次相交时，有不同的处理方法，反映的结果也有所不同。对于复杂的图形，如图形中存在"岛屿"、"空洞"以及形状破碎等，在处理时显得有困难。

（3）该方法主要适合测度凸多边形形状。

7.3.3 Boyce-Clark 形状指数方法的应用案例

1. 数据来源
同前所述(图 7.48,图 7.49)。

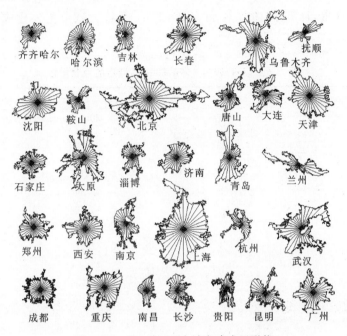

图 7.48 1990 年 31 个城市建成区形状

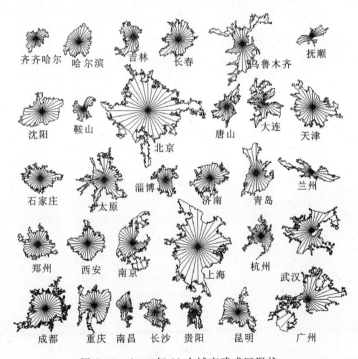

图 7.49 2000 年 31 个城市建成区形状

2. 中国城市形状变化的时空特征

Lo 在 1980 年曾利用 Boyce-Clark 形状指数计算了我国 29 个城市在 1934 年和 1974 年的形状指数,并分析了这个时间段的形状变化。同样,程连生等人在 1995 年也采用 Boyce-Clark 形状指数计算了北京市 20 世纪 50、60、70、80 年代末的城市边缘轨迹的形状指数。这里,计算了 1990 年和 2000 年 31 个特大城市主要建成区的形状指数(表 7.6)。

表 7.6　1934、1974、1990、2000 年城市的形状指数

城市名	1934 年*	1974 年*	1990 年	2000 年
齐齐哈尔	—	—	20.047	19.16
哈尔滨	19.640	19.360	21.261	12.975
吉林	—	—	56.108	41.389
长春	20.150	23.670	17.197	13.916
乌鲁木齐	—	28.390	38.868	37.893
抚顺	—	—	55.773	57.135
沈阳	34.760	18.330	21.824	22.620
鞍山	—	—	41.112	41.999
北京	10.410	21.210	23.482	15.311
唐山	—	—	29.530	29.257
大连	—	—	49.726	116.398
天津	38.290	19.440	13.547	16.789
石家庄	—	20.790	18.020	13.484
太原	20.080	32.230	37.013	27.503
淄博	—	—	30.111	21.569
济南	28.950	29.030	16.624	18.632
青岛	—	—	40.354	36.044
兰州	31.260	73.070	56.317	58.435
郑州	24.400	24.420	16.875	12.687
西安	23.710	25.970	21.363	13.941
南京	18.820	33.470	45.684	36.094
上海	22.020	26.050	18.990	19.124
杭州	23.730	33.460	34.622	25.591
武汉	40.620	41.390	69.902	54.331
成都	10.550	16.170	13.004	14.144
重庆	—	—	21.100	17.482
南昌	13.380	25.790	22.910	28.97
长沙	25.910	29.850	23.935	21.768
贵阳	26.950	20.210	60.533	55.221
昆明	16.870	16.300	43.145	25.530
广州	28.490	22.520	27.991	51.334
平均值	23.950	27.090	32.483	31.507
标准差	8.320	12.266	15.736	21.459

＊注:数据来自文献(Lo,1980)(采用的半径数量为 20 个),"—"表示无数据

表7.6显示,1934年城市的形状指数变化从10.410～40.620,形状指数最小和最大的城市分别是北京和武汉;1974年变化为从16.170～73.070,形状指数最小和最大的城市分别是成都和兰州;1990年变化为从13.004～69.902,形状指数最小和最大的城市分别是成都和武汉;2000年变化从12.687～116.398,形状指数最小和最大的城市分别是郑州和大连。成都在4个年份的形状指数都很小,分别是10.550、16.170、13.004、14.144,说明成都的形状一直都很紧凑,接近正四边形。1934、1974、1990和2000年的形状指数的平均值分别是23.950、27.090、32.483和31.507,说明从1934—1990年的56年间城市形状从紧凑趋于非紧凑、分散,城市建设用地向四周延伸扩散(图7.50、图7.51);从1990—2000年10年间受到城市建设用地控制增强的影响,城市形状趋于紧凑(图7.52)。

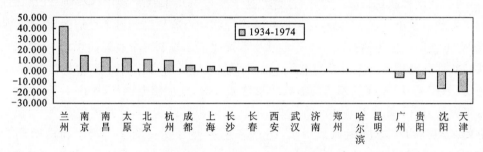

图 7.50　城市形状指数的变化(1934—1974 年)

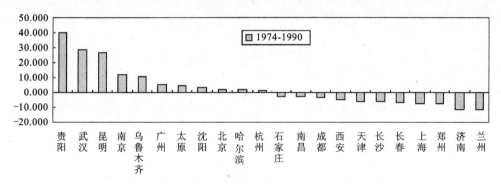

图 7.51　城市形状指数的变化(1974—1990 年)

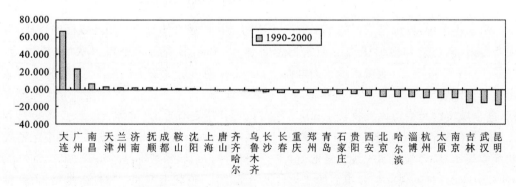

图 7.52　城市形状指数的变化(1990—2000 年)

在几个不同时段的形状指数变化量是不同的,1934—1974 年 20 个可比较的城市中有 14 个城市增大、6 个城市减少,说明形状趋于非紧凑的城市较多,城市建设用地有蔓延、外延扩展的趋势,其中兰州市的形状指数增加最大,形状指数由 31.260 增加到 73.070,城市建设用地沿黄河谷底向上下游延伸明显,这或许与当时的我国大三线建设有关,在这个时段兰州市的形状已经变为长条形。形状指数减少较多的是天津和沈阳,说明这个时段两个城市的用地以填充城市内部空隙为主,城市形状紧凑化。1974—1990 年 22 个可比较的城市中各有 11 个城市的形状增加和减少,其中中西部 3 个城市贵阳、武汉和昆明增加较多,西部城市兰州形状指数减少较多。1990—2000 年 31 个城市中有 11 个城市的形状指数增加、20 个城市形状指数减少,其中大连和广州 2 个城市形状指数增加最多,昆明和武汉形状指数减少最多,这说明这个时段城市形状紧凑化趋势明显,总体上我国城市形状有紧凑化发展趋势,这可能与紧凑形状城市有更高的城市交通效率,能源使用效能,更方便的生产生活有关。上述形状指数变化似乎说明一个有趣的现象,一些城市的形状指数变化经历着一个反复的过程。这种现象最明显的有 3 个城市,分别是兰州、武汉和昆明。1934—1974 年兰州市的形状指数增加较多,城市变得狭长,城市生产、生活变得十分不方便,所以到 1974—1990 年阶段,形状指数明显减少了,形状变得紧凑了,偏离市中心的人们到市中心的距离减少了,生产和生活要方便一些了。武汉和昆明则是在 1974—1990 年阶段形状指数增加最多,1990—2000 年阶段较少量最多,其影响机理与兰州是类似的。这说明了人们认识规律的过程是一个渐进的过程,按照这种规律可以预测大连市的形状指数在下一个阶段会减少。

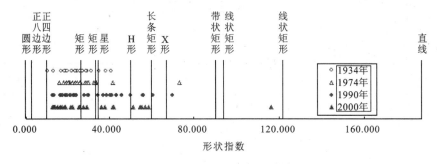

图 7.53 1934、1974、1990、2000 年城市形状指数的散点图

从根本上说,城市建成区的扩展取决于不断增长的城市体量与有限建成区的矛盾,但受离心力、向心力和地形阻力等因素的综合作用,必然形成各种城市形状(程连生等,1995)。图 7.53 显示,就城市形状类型而言,1934 年城市形状主要是矩形、星形和个别城市接近正四边形;1974 年形状基本上属于矩形和星形,仅兰州市位于 X 形和带状矩形之间,这个城市已经变得比较狭长了;1990 年城市形状主要有矩形、星形、H 形、长条矩形和 X 形;2000 年形状仍然是矩形、星形、H 形、长条矩形和 X 形等,但大连市的城市用地线状延伸很明显,形状已属于线状矩形。4 个年份的城市形状指数标准差从 8.320、12.266、15.736 到 21.459,说明形状指数的变化程度逐渐增大,形状类型的多样性逐渐增多,这种现象或许与计划经济时代的"规整化一"有关,随着市场经济的增强,各城市经济增长量的差异性增加等,城市形状变化的差异明显,加大了形状类型的多样性。

7.4 凸壳方法及应用于城市用地扩展类型识别

7.4.1 凸壳原理及生成方法

点集的凸壳是指包含所有点的最小凸多边形(图 7.54)。对点集 P 而言,其凸壳 P_C 是这样一个凸多边形,如果存在包含 P 的另一个凸多边形 P_0,则 $P_C \subseteq P_0$,因此 P_C 是包含 P 的最小凸多边形。上述定义是针对点集的凸壳,那么如何构造复杂的面状空间目标集合和线状空间目标集合的凸壳呢? 可以通过将复杂的面状目标、线状目标抽象为一个点、点集的方法。这个抽象过程相对简单,对于面状目标,首先计算各个目标的形心(或重心)构成点状目标,成为点集成员,即"以点代面",使"点"成为"面"的替身,使面集的研究转化为点集的研究;对于线状目标,则可以首先在线目标上抽取若干个点,使这些点构成对线目标的逼近,这些点构成点集成员,即"以点代线",使"点"成为"线"的替身,使线集的研究转化为点集的研究。这样构建复杂空间目标的凸壳就能够转化为构建有限点集的凸壳。点集凸壳是表达分布特征的好工具(普雷帕拉塔等,1992;毋河海,1997)。利用 ArcGIS 软件可以实现要素凸壳的构建,如图 7.54 所示。下面是 Arcinfo Workstation 中构建凸壳例子:

```
Arc:build ch point
 Building points...
Arc:arctin ch ch_tin point ch-id(将 coverage 转化为 Tin,ch-id 为 SPOT 字段,这是
需要指定的)
Arc:tinarc
Usage:TINARC <in_tin> <out_cover> {POLY|LINE|POINT|HULL}
             {PERCENT|DEGREE}{z_factor}{HILLSHADE}{azimuth}{altitude}
Arc:tinarc ch_tin ch1 HULL(将 Tin 转化为凸壳)
Loading TIN data structures...
Building hull polygon topology...
Arc:tinarc ch_tin ch_tri(将 Tin 转化为 Delaunay Triangulation)
Loading TIN data structures...
Constructing arc/polygon topology...
Arc:
```

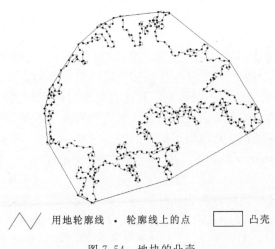

⋀⋁ 用地轮廓线　·轮廓线上的点　▭ 凸壳

图 7.54　地块的凸壳

7.4.2　凸壳方法应用于城市用地空间扩展类型识别

城市化是区域土地演化的主导过程,城市用地扩展研究是国内外地理学界关注的热点问题之一(郑莘等,2002;何春阳等,2002;谷凯,2001;Roberto et al.,2002;Leorey and Nariida 1999)。目前,大量的研究集中在对城市用地扩展的驱动力、城市形态与环境之间关系等问题上。但对于城市用地扩展的时空模式等一些问题缺乏定量化研究,如关于城市用地扩展类型确定问题,目前采取的研究方法主要是定性描述,这样使得一些研究结果缺乏说服力。因此,寻求新的方法和手段来研究城市用地扩展模式变得十分重要。这里,首次提出了采用计算几何中凸壳原理来刻画城市用地扩展不同类型的方法,同时利用国家资源环境数据库数据确定我国城市用地扩展类型,测度和分析我国城市空间形态,得出我国城市建设用地扩展的现代过程以及由此产生的城市形态后果。

1. 城市用地空间扩展类型

关于城市用地空间扩展类型尚缺乏严格定义,不同文献有不同的定义和描述方法(Roberto et al.,2002;Leorey and Nariida,1999;Whitford et al.,2001;方修琦等,2002)。例如,Roberto 等人(2002)指出城市用地空间扩展类型有 5 类,即填充(infilling)、外延(extension)、沿交通线扩展(linear development)、蔓延(sprawl)和"卫星城"式(large-scale projects)。填充类型是指在已经形成的城市区域中,进行空隙填充;外延类型是指用地扩展发生在城市的边缘部分,可以理解为"摊大饼"式扩展;沿交通线扩展类型是指用地沿城市主要交通线两侧向外延伸,往往造成城市用地的外围轮廓呈"指"状;蔓延类型是指在城市外围形成新的用地块,这种地块的面积相对不是很大,呈分散状分布;"卫星城"式扩展类型也是在城市外围形成新的用地区域,但用地规模往往比较大,内部通常有独立的基础设施,对主市区的依赖程度比较小。Leorey 等人(1999)指出,城市用地增长有 3 种类型,即紧凑(compact)、边缘或多节点(edge or multi-nodal)和廊道(corridor)。紧凑类型是指用地扩展发生在城市内部空隙地带,这与上述填充类型是类似的;边缘或多节点类型指在城市边缘的若干个用地块基础之上进行用地扩展开发,这些用地块通常有商业中心、娱乐中心,同时能够提供较多的就业机会,这类似于上述的"卫星城"式类型;廊道类型是指用地扩展沿主要交通干道进行,即是上面的沿交通线扩展类型。

但是,几乎在所有文献中都未提及如何对这些类型进行定量测度,而都是采取定性或通过目视的方法来确定城市用地扩展类型,显然这是有缺陷的。为此,作者在这里提出一种利用凸壳原理来描述城市用地扩展类型的方法。

城市用地外围轮廓是一个形状不规则的多边形(图 7.54)。对于这样一个边界为曲线的多边形,其凸壳可以按上述方法构造。在轮廓线上选取的点越多,越能逼近原始图形,但在实际应用中要注意选取点的数量与其凸壳计算时间开销之间的权衡以及有关的精度要求。某个城市用地轮廓的凸壳是指包含城市外围轮廓线的最小凸多边形,在实际中可以理解这个凸壳为城市区域或城市潜在的控制区域。

2. 安徽省城市用地空间扩展类型确定和城市形态分析

(1) 数据来源

所使用的数据来自中国科学院地理科学与资源研究所建立的国家资源环境数据库,提取了城市建设用地部分,从中选取了面积大于 450×10^4 m² 的安徽省 40 个城市来进行试验应用研究(图 7.55)。从区位上讲,这些城市大部分位于安徽省北部的淮河平原地区和安徽省中部的长江两岸平原丘陵地区,这些城镇往往占地面积较大。

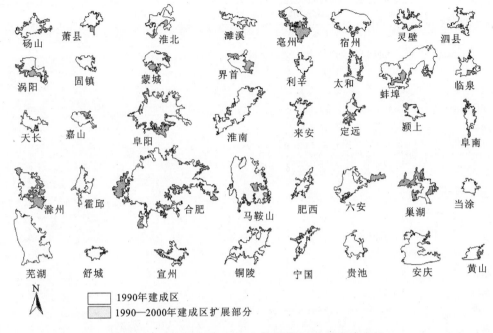

图 7.55　1990 年和 2000 年安徽省 40 个城市建成区

（2）安徽省城市用地空间扩展类型

按照前面关于城市用地扩展类型的定义可以这样理解,那些属于填充类型的扩展用地部分应该主要位于城市用地轮廓凸壳内部,而如果城市用地扩展类型属于外延类型,那么城市扩展的用地部分应该主要位于凸壳外(图 7.56)。为此,首先构建了 1990 年安徽省 40 个城市用地轮廓的凸壳,然后计算了在 1990 年到 2000 年的扩展用地中分别位于凸壳内和凸壳外的用地面积(表 7.7),并做出了这样的定义,如果位于凸壳内的面积大于位于凸壳外的面积,则定义该城市的用地扩展类型为填充类型,否则定义为外延类型。当然还可以定义两者之间的过渡类型。

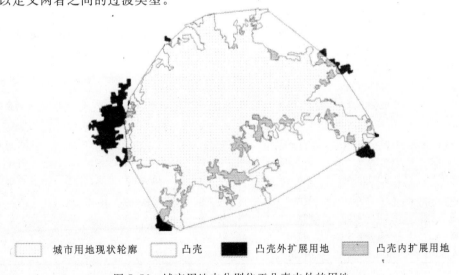

图 7.56　城市用地中分别位于凸壳内外的用地

表7.7 1990、2000年安徽省40个城镇用地的扩展类型

城市名称	用地扩展总面积/m²	填充部分		外延部分		用地扩展类型
		面积/m²	比例/%	面积/m²	比例/%	
霍邱	130 536.60	130 536.60	100.00	0.00	0.00	填充
灵璧	1 845 363.00	1 744 960.00	94.56	100 402.80	5.44	填充
宿州	1 664 239.00	1 558 807.00	93.66	105 431.70	6.34	填充
宁国	1 059 476.00	992 355.00	93.66	67 121.06	6.34	填充
蚌埠	4 220 447.00	3 928 939.00	93.09	291 509.20	6.91	填充
马鞍山	4 355 348.00	4 038 936.00	92.74	316 412.50	7.26	填充
肥西	813 379.30	752 030.70	92.46	61 348.58	7.54	填充
泗县	1 154 907.00	1 055 810.00	91.42	99 097.55	8.58	填充
当涂	144 356.70	131 522.50	91.11	12 834.22	8.89	填充
固镇	431 402.70	389 615.80	90.31	41 786.88	9.69	填充
临泉	893 148.10	803 005.70	89.91	90 142.42	10.09	填充
阜阳	6 816 092.00	5 972 470.00	87.62	843 622.50	12.38	填充
涡阳	3 596 580.00	3 036 352.00	84.42	560 228.10	15.58	填充
黄山	688 251.50	572 315.30	83.15	115 936.20	16.85	填充
芜湖	492 856.20	406 499.60	82.48	86 356.59	17.52	填充
淮南	2 013 320.00	1 651 562.00	82.03	361 758.80	17.97	填充
天长	457 456.50	373 574.20	81.66	83 882.34	18.34	填充
铜陵	560 707.40	455 050.30	81.16	105 657.20	18.84	填充
太和	2 301 729.00	1 805 396.00	78.44	496 333.30	21.56	填充
来安	875 390.60	630 920.00	72.07	244 470.60	27.93	填充
宣州	2 072 639.00	1 443 233.00	69.63	629 406.40	30.37	填充
砀山	1 392 156.00	962 940.80	69.17	429 214.60	30.83	填充
利辛	1 008 492.00	682 724.50	67.70	325 767.30	32.30	填充
濉溪	1 503 310.00	1 014 079.00	67.46	489 231.00	32.54	填充
淮北	6052.91	4083.34	67.46	1969.56	32.54	填充
定远	2 294 574.00	1 525 022.00	66.46	769 551.20	33.54	填充
蒙城	2 810 816.00	1 811 570.00	64.45	999 246.30	35.55	填充
安庆	1 628 816.00	1 036 920.00	63.66	591 895.30	36.34	填充
合肥	16 148 390.00	8 660 332.00	53.63	7 488 057.00	46.37	填充
界首	29 714 72.00	1 436 971.00	48.36	1 534 501.00	51.64	外延
萧县	1 577 852.00	731 100.60	46.34	846 750.90	53.66	外延
滁州	7 929 723.00	3 275 243.00	41.30	4 654 480.00	58.70	外延
亳州	7 328 624.00	3 006 409.00	41.02	4 322 215.00	58.98	外延
贵池	519 105.00	207 068.60	39.89	312 036.50	60.11	外延
颍上	977 697.40	372 375.50	38.09	605 321.90	61.91	外延
阜南	1 034 123.00	390 763.90	37.79	643 359.40	62.21	外延
嘉山	1 121 282.00	419 049.60	37.37	702 232.30	62.63	外延
巢湖	7 729 979.00	2 796 621.00	36.18	4 933 358.00	63.82	外延
舒城	760 898.40	238 036.00	31.28	522 862.40	68.72	外延
六安	3 171 233.00	840 280.90	26.50	2 330 952.00	73.50	外延

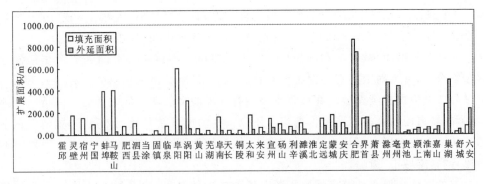

图 7.57　1990—2000 年安徽省 40 个城镇用地的扩展面积分析

由表 7.7 和图 7.57 可以看出,这 40 个城镇的用地类型在 1990—2000 年阶段城市用地扩展类型主要以填充类型为主,其城镇数量达到 29 个城镇;而外延类型只有 11 个,且绝大部分属于平原地区,只有两个位于山区或丘陵地区,分别是属于大别山区的六安、丘陵地区的舒城,这说明平原地区城市用地扩展的限制较小、自由度较大。实际上,在 1990 年以前的我国改革开放 10 年间,我国经济刚刚腾飞,城市建设缺乏良好的规划控制,城市建设用地往往选择在交通便利的城市交通干道两侧位置,城市用地扩展基本上属于廊道型,城市用地沿交通线向四面八方"指"状延伸。随着用地不断地沿交通线往外围延伸,离城市中心区越来越远,不能很好地利用城市基础设施、技术信息等资源,土地开发带来的效益下降,这种用地扩展现象逐渐停止,而那些位于城市控制范围内(理解为凸壳内)的空隙部分土地,由于城市基础设施修建,已具有很高的开发价值,城市用地扩展转而趋向填充这部分土地,即城市用地扩展类型转变为填充类型。

(3) 安徽省城市外围轮廓形态紧凑性

一般来说,如果城市用地扩展属于填充类型,由于城市内部空隙逐渐被填充,城市边缘的凹凸性将变小,这样城市的外围轮廓形态应该趋于紧凑,而如果城市用地扩展属于外延类型,常会导致城市形态趋于非紧凑性。

城市外围轮廓形态的形成是由于城市用地不断扩展的结果,其形态特征是分析城市社会经济诸多问题的基础,城市平面形态的变化影响到交通、通讯、生产、生活、公共设施等多方面的规划和建设,其中城市外围轮廓形态的紧凑度被认为是反映城市形态的一个十分重要的概念,受到国内外普遍关注,对其社会经济和环境后果存在大量的讨论(Gert,2000;Roberto et al.,2002)。

紧凑城市是一种尽可能充分利用已经存在的城市空间的结果,被认为是一种结束城市蔓延危害的一种方法(Gert,2000)。英国的环境部发现,城市用地扩展的填充类型属于能源消耗最小的一种城市用地扩展方式,接下来是边缘延伸类型(Roberto et al.,2002)。Thamas 和 Cousins(1996)概括了紧凑城市具有以下几方面的优点:由于城市内各部分之间联系距离缩短,降低了人们对汽车的依赖性,减少了污染物的排放、能源的消耗;改善了公共交通的服务,总体上增加了城市交通的方便性;提高了城市基础设施和已开发土地的利用效率,有利于节约和统筹安排各种设施。作者也认为,用地变得紧凑也就意味着相对而言城乡结合带的长度较短,这样那些属于城乡结合带的问题也将减少,如城乡结合带的犯罪发生率可能会降低等。鉴于此,一些国家将"紧凑城市"策略作为城市规划标准执行,如欧洲共同体认为"紧凑城市"是一个可持续发展的概念,指出紧凑城市可以导致城市居民更好的生活质量,认为紧凑城市的正面影响是广泛的。荷兰的第一个国家环境政策规划中支持"紧凑城市"的概念(Gert,2000)。

但是,"紧凑城市"政策存在两面性。关于紧凑城市与城市环境间的关系在很多方面是存在争议的,有人对上述思想提出反对意见,认为紧凑城市并不会导致许多人想像的那样可以导致城市可持续发展。在城市中一些有环境冲突的功能区之间必须保持一定的距离,但紧凑城市使得这种愿望变得奢侈。所以一些国家开始调整规划策略,如荷兰在第二个国家环境政策规划中就认识了"紧凑城市"概念的负面影响(Gert,2000),在规划中不僵硬地执行"紧凑城市"策略。

城市外围轮廓形态是城市用地不断向外围扩展的结果,也是城市化的一个非常重要特征,为此分别计算了1990年和2000年安徽省40个城市的平面轮廓形态紧凑度(表7.8)。计算中采用的紧凑度计算公式是

$$c=2\sqrt{\pi A}/P(\text{Batty},2001),$$

式中,c 指城市的紧凑度;A 指城市面积;P 指城市轮廓周长。紧凑性值越大,其形状越具有紧凑性;反之,形状的紧凑性越差。圆是一种形态最紧凑的图形,圆内各部分空间高度压缩,其紧凑度为1,如果是狭长形状,其值远远小于1。计算结果见表7.8和图7.58。

(4) 安徽省城市轮廓形态的成因分析

从1990—2000年的10年间,安徽省40个城市的轮廓形态中,趋向非紧凑性的城市数为8个,趋向紧凑性的城市数为32个(表7.8,图7.58),这说明总体上城市轮廓形态趋于紧凑。在形态紧凑度变小的8个城市中,4个城市的用地扩展类型属于外延类型,它们分别是界首、阜南、巢湖和贵池,这也说明外延型用地扩展往往导致城市用地松散,城市的各部分之间用地不紧凑。

表7.8　1990年和2000年安徽省40个城镇形态的紧凑度

城镇名称	1990年	2000年	形状的趋向性
砀山	0.283	0.294	紧凑
淮北	0.367	0.369	紧凑
濉溪	0.319	0.330	紧凑
宿州	0.391	0.555	紧凑
灵壁	0.281	0.397	紧凑
泗县	0.319	0.361	紧凑
涡阳	0.312	0.481	紧凑
固镇	0.430	0.521	紧凑
蒙城	0.385	0.472	紧凑
利辛	0.471	0.482	紧凑
太和	0.322	0.411	紧凑
蚌埠	0.293	0.344	紧凑
临泉	0.348	0.409	紧凑
天长	0.379	0.386	紧凑
阜阳	0.223	0.289	紧凑
淮南	0.310	0.312	紧凑
来安	0.317	0.316	非紧凑
定远	0.338	0.330	非紧凑

城镇名称	1990 年	2000 年	形状的趋向性
霍邱	0.297	0.304	紧凑
合肥	0.193	0.226	紧凑
马鞍山	0.252	0.326	紧凑
肥西	0.238	0.275	紧凑
当涂	0.305	0.531	紧凑
芜湖	0.464	0.441	非紧凑
宣州	0.267	0.347	紧凑
铜陵	0.260	0.276	紧凑
宁国	0.226	0.279	紧凑
安庆	0.377	0.371	非紧凑
黄山	0.478	0.523	紧凑
贵池	0.427	0.401	非紧凑
舒城	0.471	0.505	紧凑
巢湖	0.541	0.297	非紧凑
六安	0.290	0.300	紧凑
滁州	0.261	0.401	紧凑
阜南	0.348	0.334	非紧凑
颍上	0.399	0.460	紧凑
嘉山	0.447	0.469	紧凑
界首	0.466	0.440	非紧凑
亳州	0.275	0.508	紧凑
萧县	0.490	0.511	紧凑

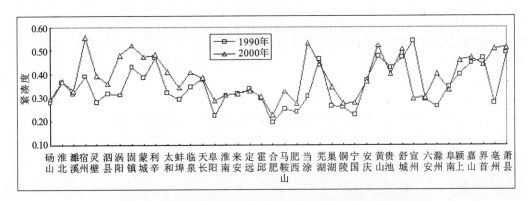

图 7.58　1990 年和 2000 年安徽省 40 个城镇形态的紧凑度

　　环境、经济和社会效益与城市形态的关系日益得到重视。具体的规划理念包括紧凑城市和交通需求管理,要求创造较高建筑密度,混合用地,发展步行和公交系统和一系列新的设计原则。城市形态是"可持续发展"和"城市交通"等规划研究的重要组成部分,更加完善和理性的城市形态研究应得到充分的重视。

　　我国是一个人多地少的国家,人均耕地矛盾十分突出,城市化意味着要占用城乡结合部大量的区位条件好的、质量高的土地。走城市用地扩展为填充类型之路,城市形态紧凑发展,会节约大量的耕地。

一般来说,城市走形态紧凑发展的道路是合适的,但是要具体问题具体分析,要注意到城市用地规模过大(如对于特大城市),城市轮廓形态又十分紧凑时,许多由此引起城市问题会凸现出来,如交通拥挤及由此带来的大量的废气排放,噪音、城市热岛效应增强等问题。

在发达国家中盛行的逆城市化现象可以认为是一种在城市边缘"蔓延"式发展,往往形成城市平面轮廓形态的非紧凑性,会消耗大量的珍贵土地,高额的基础设施建设、使用和维护费用,巨大的能源消耗,增加社区之间的隔离,更僵化的土地利用分区(如严格的工业用地和居住用地分区)而导致交通距离增加以及环境退化。

如果在城市中不存在环境剧烈冲突的功能区,紧凑形态城市相对而言将比形态松散城市更有优势,这对于经济不是十分发达的国家更是如此。形态紧凑意味着城市将各部分之间联系距离短,这样交通距离短,公共设施建设费用相对要低,同时与城市交通相随的环境问题将减少。结合其他实际情况,认为安徽省城市轮廓形态发展特点总体上是利大于弊。但对于我国 31 个特大城市的轮廓形态的紧凑性变化的利弊,必须具体城市具体分析,需要进行后续研究来判断。

揭示城市用地扩展的时空特征,尤其是探讨其环境后果是十分重要的,不仅可以了解城市用地扩展的时空规律,其结果还可以指导城市规划和城市管理的实践。归纳起来,城市用地空间扩展类型主要有填充型、外延型、廊道型和"卫星城"型 4 种。作者提出的凸壳方法可以有效地区分城市用地扩展填充型和外延型,方法是直观的、易于操作的和可行的。对于城市用地扩展的"卫星城"式类型通过图形叠置比较,不难判断。下一步工作是识别城市用地扩展的廊道型,并建立其识别标准。

这里发展的方法应用于安徽省 40 个城市用地扩展研究,得出了安徽省城市用地扩展以填充类型为主、城市外围轮廓形状趋于紧凑的结论。此外,揭示城市用地扩展的驱动力,建立在不同驱动力下的城市用地时空扩展模式,探讨用地扩展形成的城市轮廓形态的环境效应,提出适应我国国情的城市规划的空间策略等,将是今后进一步研究的方向。

7.5　规划中道路占用各类土地面积计算

在城市规划和区域规划中,经常需要计算新规划的道路所占用的各类土地面积,下面介绍一种基于 ArcGIS 的方法:

(1) 收集相关数据。本案例中主要包括土地利用现状图(图 7.59)及道路规划图(图 7.60)。

(2) 投影参数的确定。利用数据转换章节所学知识,使所收集的数据转换为同一投影坐标系,相关参数相同。

(3) 确定特征点,实现图形纠正。由于数据来源不同,虽然已经设置投影参数,但数据之间可能还会存在一定的误差,需要使用坐标转换工具进行图形纠正。纠正前需要在两幅图的同样位置选择至少 3 个以上的点位,并做好标记,如图 7.61、图 7.62 所示,以确保纠正的精度。

图 7.59　土地利用现状图

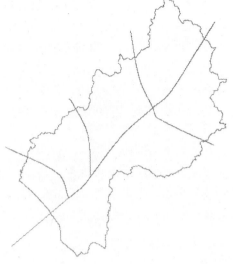

图 7.60　道路规划图

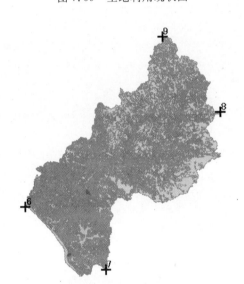

图 7.61　土地利用现状图

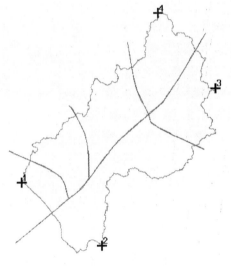

图 7.62　道路规划图

（4）图形纠正。使用图形纠正工具，按照点位一一对应的原则进行图形纠正处理，使得两幅图中的特征点完全重合，如图 7.63 所示。

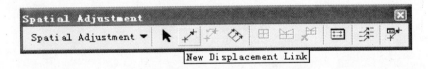

图 7.63　选择移位连接工具

（5）给不同等级道路赋予不同的宽度值（属性项的名字命名为 DIST）。

（6）缓冲区分析。根据道路宽度值，不同等级道路制作不同的缓冲区。

（7）图层叠加分析。将道路缓冲区数据与土地利用图进行叠加，得到叠加后的数据。

（8）计算道路占用各类土地面积。利用分类统计方法计算新建道路可能占用各类用地的面积，并做出占用土地分布图。

习 题 七

1. Voronoi 图、加权 Voronoi 图构建（发生元为点、线、面等）。
2. 计算某个图形的分维值。
3. 计算某个图形的 Boyce-Clark 形状指数，并判断该图形的大致形状。
4. 计算某个面状图形的凸壳。
5. 规划中道路占用各类土地面积计算。

参 考 文 献

艾廷华,郭仁忠.2000.基于约束 Delaunay 结构的街道中轴线提取及网络模型建立.测绘学报,29(4):348-354.

艾廷华.2000.城市地图数据库综合的支持数据模型与方法的研究.武汉测绘科技大学博士论文.

陈秉钊.1991.城市规划系统工程学.上海:同济大学出版社.

陈述彭,鲁学军,周成虎.2000.地理信息系统导论.北京:科学出版社.

陈述彭等.1999.城市化与城市地理信息系统.北京:科学出版社.

陈彦光,刘继生.2001.城市土地利用结构和形态的定量描述:从信息熵到分形维.地理研究,20(2):146-152.

陈健飞等译.2003.Kang-tsung Chang 著.地理信息系统导论.北京:科学出版社.

程连生,赵红英.1995.北京城市边缘带探讨.北京师范大学学报(自然科学版),31(1):128-133.

程雄,王红.2004.GIS 软件应用.武汉:武汉大学出版社.

方修琦,张文波,张兰生等.2002.近百年来北京城市空间扩展于城乡过渡带演变.城市空间,26(4):56-60.

龚健雅.2001.地理信息系统基础.北京:科学出版社.

谷凯.2001.城市形态的理论与方法.城市规划,25(12):36-41.

顾朝林.1991.城市经济区理论与应用.长春:吉林科学技术出版社.

郭达志,盛业华等.1997.地理信息系统基础与应用.北京:煤炭工业出版社.

郭仁忠.1997.空间分析.武汉:武汉测绘科技大学出版社,1997.

何春阳,史培军,陈晋等.2002.北京地区城市化过程和机制研究.地理学报,57(3):363-371.

胡志勇,何建邦,柯正谊.2001.地理空间意像模式的 Voronoi 模型.地理科学,21(2):177-182.

黄波,李蓉蓉.1996.泰森多边形及其在等深面生物量计算中的应用.遥感技术与应用,11(3):35-39.

黄杏元,马劲松,汤勤.2001.地理信息系统概论.北京:高等教育出版社.

蓝运超,黄正东,谢榕.1999.城市信息系统.武汉:武汉测绘科技大学出版社.

李成名.1998.基于 Voronoi 图的空间关系描述、表达与推理.武汉测绘科技大学博士论文.

李江,段杰.2004.组团式城市外部空间形态分形特征研究:经济地理,24(1):62-66.

李武龙,陈军.1998.线状障碍物的可视最短路径 Voronoi 图生成.武汉测绘科技大学学报,23(2):132-158.

李小建等.1999.经济地理学.北京:高等教育出版社.

林炳耀.1985.计量地理学概论.北京:高等教育出版社.

刘晖,段宝岩.1999.任意平面区域的 Voronoi 图.西安电子科技大学学报,26(1):118-123.

刘纪远,刘明亮,庄大方等.2002.中国近期土地利用变化的空间格局分析.中国科学(D 辑),32(12):1031-1040.

刘纪远,庄大方,张增强等.2002.中国土地利用时空数据平台建设及其支持下的相关研究.地球信息科学,(3):3-7.

刘纪远,王新生,庄大方等.2003.凸壳原理用于城市用地空间扩展类型识别.地理学报,58(6):885-891.

刘继生,陈彦光.1999.城镇体系空间结构的分形维数及其测算方法.地理研究,18(2):171-178

罗宏宇,陈彦光.2002.城市土地利用形态的分维刻画方法探讨.东北师大学报自然科学版,34(4):107-113.

陆守一.2004.地理信息系统.北京:高等教育出版社.

宋小冬,钮心毅.2007.地理信息系统实习教程(ArcGIS9.x).北京:科学出版社.

普雷帕拉塔 F P,沙莫斯 M I.1992.计算几何.庄心谷译.北京:科学出版社.

秦耀辰,刘凯.2003.分形理论在地理学中的应用研究进展.地理科学进展,22(4):426－436.

宋小冬,叶嘉安.1995.地理信息系统及其在城市规划与管理中的应用.北京:科学出版社.

汤国安,赵牡丹.2000.地理信息系统.北京:科学出版社.

汤国安,杨昕.2006.ArcGIS地理信息系统空间分析实验教程.北京:科学出版社.

王铮,丁金宏等.2000.理论地理学概论.北京:科学出版社.

王发曾等.1992.河南省城市体系功能组织研究.地理学报,47(3):274－282.

王劲峰等.2000.地理信息空间分析的理论体系探讨.地理学报,55(1):92－103.

王桥,毋河海.1998.地图信息的分形描述与自动综合研究.武汉:武汉测绘科技大学出版社.

王桥.1996.分形地学图形处理中几个理论问题的研究.武汉测绘科技大学学报,21(4):382－402.

王新生等.2002.Voronoi图的扩展、生成及其应用于界定城市空间影响范围.华中师范大学学报(自然科学版),36(1):107－111.

王新生,郭庆胜,姜友华.2000.一种用于界定经济客体空间影响范围的方法——Voronoi图.地理研究,19(3):311－315.

王新生,刘纪远,庄大方等.2003.一种新的构建Voronoi图的栅格方法.中国矿业大学学报,32(3):293－296.

王新生,刘纪远,庄大方等.2003.Voronoi图用于确定城市经济影响区域的的空间组织.华中师范大学学报(自然科学版),37(2):256－260.

王新生,刘纪远,庄大方等.2004.基于GIS的任意发生元Voronoi图逼近方法.地理科学进展,23(4):97－102.

王新生,刘纪远,庄大方等.2005.中国城市形状的时空变化.资源科学,27(3):20－25.

王新生,刘纪远,庄大方等.2005.中国特大城市空间形态变化的时空特征.地理学报,60(3):392－400.

王新生,余瑞林,姜友华.2008.基于道路网络的商业网点吸引范围研究.地理研究,27(1):85－92.

邬伦等.2001.地理信息系统——原理、方法和应用.北京:科学出版社.

毋河海,龚键雅.1997.地理信息系统(GIS)空间数据结构与处理技术.北京:测绘出版社.

毋河海.1991.地图数据库系统.北京:测绘出版社.

毋河海.1997.凸壳原理在点群目标综合中应用.测绘工程,6(1):1－6.

吴秀芹.2007.ArcGIS 9地理信息系统应用与实践.北京:清华大学出版社.

武晓波,王世新,肖春生.1999.Delaunay三角网的生成算法研究.测绘学报,28(1):28－34.

武晓波,王世新,肖春生.2000.一种新的Delaunay三角网的合成算法.遥感学报,4(1):32－35.

许学强,周一星,宁越敏.2001.城市地理学.北京:高等教育出版社.

于洪俊,宁越敏.1983.城市地理概论.合肥:安徽科学技术出版社.

沅仪三.1992.城市建设与规划基础理论.天津:天津科学技术出版社.

张超,杨秉根.1984.计量地理学基础.北京:高等教育出版社.

张根寿,祝国瑞.1994.面状地图表象的形态研究.武汉测绘科技大学,19(1):29－36.

张京祥.2000.城镇群体空间组合.南京:东南大学出版社.

张庭伟.2001.实证研究和定量分析:介绍一个实例.城市规划,25(9):57－62.

张有会.1995.线段加权的Voronoi图.计算机学报,18(11):822－829.

赵仁亮等.2000.基于V9I的空间关系映射与操作.25(4):318－323.

赵书茂,周海燕,朱刘娟.2003.Voronoi图在河南省城市网络研究中的应用.测绘学院学报,20(3):206－209.

郑莘,林琳.2002.1990年以来国内城市形态研究述评.城市规划,26(7):59－64.

周北燕.1997.中国城市生活地图集.北京:中国地图出版社.

周培得.2000.计算几何——算法分析与设计.北京:清华大学出版社.

周一星.1999.城市地理学.北京:商务印书馆.

朱晓华,王建,陆娟.2001.关于地学中分形理论应用的思考.南京师大学报(自然科学版),24(3):93－98.

祝国瑞,徐肇忠.1990.普通地图中的数学方法.北京:测绘出版社.

祝国瑞,张根寿.1994.地图分析.北京:测绘出版社.

祝国瑞.地图学.2003.武汉:武汉大学出版社.

庄大方,邓祥征,战金艳等.2002.北京市土地利用变化的空间分布特征.地理研究,21(6):667—674.

Adolphe L. 2001. A simplified model of urban morphology: application to an analysis of the environmental performance of cities. Environment and Planning B: Planning and Design, 28:183—200.

Armstrong M P. 2000. Geography and computational science. Annals of the American geographers, 90(1):146—156.

Aurenhammer F, Edelsbrunner H. 1984. An optimal algorithm for constructing the weighted Voronoi diagram in the plane. Pattern Recognition, 17(2):251—257.

Austin R F. 1981. The shape of West Malaysia's districts. Area, 13(2):145—150.

Ballard D H. 1981. Generalizing the Hough transform to detect arbitrary shapes. Pattern Recognition, 13(2):111—122.

Batty M, Longley P A. 1988. The morphology of urban land use. Environment and Planning B: Planning and Design, 15(4):461—488.

Batty M. 2001. Exploring isovist field: space and shape in architectural and urban morphology. Environmental and Planning B: Planning and Design, 28(2):123—150.

Benguigui L, Czamanski D. 2004. Simulation analysis of the fractality of cities. Geographical Analysis, 36(1):69—84.

Bespamyatnikh S, Snoeyink J. 2000. Queries with segments in Voronoi diagrams. Computational Geometry, 16:23—33.

Boots B N, South R. 1997. Modeling retail trade areas using higher-order, multiplicatively weighted Voronoi diagrams. Journal of Retailing. 73(4):519—536.

Boyce R R, Clark W A V. 1964. The concept of shape in geography. The Geographical Review, 54:561—572.

Chakroun H, et al. 2000. Spatial analysis weighting using Voronoi Diagrams. International Journal of Geographical Information Science, 14(4):319—336.

Clark W A V. 1987. Shape indices: a comment on interpretation. Professional Geography, 39(2):201—202.

Couprie M, Bertrand G. 2002. Tessellations by connection. Pattern Recognition Letters, 23(6):637—647.

Cova T J, Church R L. 2000. Exploratory spatial optimization in site search: a neighborhood operator approach. Computers, Environment and Urban Systems, 24:401—419.

De Keersmaeeker M-L, Frankhauser P, Thomas I. 2003. Using fractal dimensions for characterizing intra-urban diversity: the example of Brussels. Geographical Analysis, 35(4):310—328.

Duyckaerts C, Godefroy G. 2000. Voronoi tessellation to study the numerical density and the spatial distribution of neurons. Journal of Chemical Neuroanatomy, 20:83—92.

Duyckaerts, et al. 1994. Evaluation of neuronal density by Dirichlet tessellation. Journal of Neuroscience Methods, 51(1):47—69.

Egenhofer M J, Clementini E, Felice P D. 1994. Topological relations between regions with holes. International Journal of Geographicl Information Systems, 8(2):129—142.

ESRI 产品介绍.创建地理数据库.

ESRI 产品介绍.ArcGIS 9.3 白皮书.

Fotheringham A S, Rogerson P A. 1993. GIS and spatial analytical problems. International Journal of Geographical Information Systems, 7(1):3—19.

Gavrilova M, Rokne J. 1999. Swap conditions for dynamic Voronoi diagrams for circles and line segments. Computer Aided Geometric Design,16(2):89—106.

Gert D R. 2000. Environmental conflicts in compact cities: complexity, Decisionmaking, and policy approaches. Environment and Planning B:Planning and Design,27(2):151—162.

Gold C M. 1989. Surface interpolation, spatial adjacency and GIS. In J. Raper. Three dimensional applications in geographic information systems. London:Taylor & Francis,21—35.

Gold C, Mostafavi M A. 2000. Towards the Global GIS. Journal of Photogrammetry & Remote Sensing,55:150—163.

Golledge R G. 1995. Path selection and route preference in human navigation:a progress report. In Spatial Information Theory,edited by A U Frank and W Kuhn,New York:Springer:207—222.

Goodsell G. 2000. On finding p-th nearest neighbours of scattered points in two dimensions for small p. Computer Aided Geometric Design,17(4):387—392.

Griffith D A,O'neill M P,O'neill W A,et al. 1986. Shape indices:useful measures or red herrings?. Professional Geographer,38(3):263—270.

Halls P J,Bulling M,White P C L,et al. 2001. Dirichlet neighbours:revisiting Dirichlet tessellation for neighbourhood analysis. Computers,Environment and Urban Systems,25(1):105—117.

Held M. 2001. VRONI:An engineering approach to the reliable and efficient computation of Voronoi diagrams of points and line segments. Computational Geometry,18:95—123.

Imai K,Imai H,Tokuyama T. 1999. Maximin location of convex objects in a polygon and related dynamic Voronoi diagrams. Journal of the Operations Research Society of Japan,42(1):45—48.

Kim D,Kim D,Sugihara K. 2001. Voronoi diagram of a circle set from Voronoi diagram of a point set:II. Geometry. Computer Aided Geometric Design,18(6):563—585.

Kühn U. 2001. A randomized parallel algorithm for Voronoi diagrams based on symmetric convex distance functions. Discrete Applied Mathematics,109(1—2):177—196.

Kühn U. 1998. Local calculation of Voronoi diagrams. Information Processing Letters,68(6):307—312.

Lee D R,Sallee G T. 1970. A method of measuring shape. Geographical Review,60:555—563.

Leorey O M,Nariida C S. 1999. A framework for linking urban form and air quality. Environmental Modelling & Software,14:541—548.

Li C,Chen J,Li Z. 1999. A raster-based method for computing Voronoi diagrams of spatial objects using dynamic distance transformation. International Journal of Geographical Information Science,13:209—225.

Li X. 1996. A method to improve classification with shape information. International Journal of Remote Sensing,17(8):1473—1481.

Lo C P. 1980. Changes of the shapes of Chinese cities,1934—1974. Professional Geographer,32(2):173—183.

Longley,et al. 1999. geographical Information Systems(second edition),Volume 1, Principles and Technical Issues. New York:John Wiley & Sons. Inc.

Longley P,Batty M,Shepherd J,and Sadler G. 1992. Do green belts change the shape of urban areas? A preliminary analysis of the settlement geography of south east England. Regional Studies,26(5):437—452.

Martin D. 1998. Automatic neighborhood identification from population surfaces. Computers Environment and Urban Systems,22(2):107—120.

McAllister M,Snoeyink J. 2000. Medial Axis Generalization of River Networks. Cartography and Geographic Information Science,27(2):129—138.

Medda F，Nijkamp P，Rietveld P. 1998. Recognition and classification of urban shapes. Geographical Analysis,30(3):304—314.

Melkemi M,Djebali M. 2000. Computing the shape of a planar points set. Pattern Recognition,33: 1423—1436.

Melkemi M,Djebali M. 2001. Elliptic diagrams:application to patterns detection from a finite set of points. Pattern Recognition Letters,22(8):835—844.

Michzel Z. 2004. 为我们的世界建模:ESRI 地理数据库设计指南(modeling our world:the ESRI guide to geodatabase design). 张晓祥,张峰,姚静译. 北京:人民邮电出版社.

Miller H J. 1996. GIS and geometric representation in facility location problems. International Journal of Geographical Information Systems,10(7):791—816.

Moellering H,Rayner J N. 1982. The dual axis Fourier shape analysis of closed cartographic forms. The Cartographic Journal,19(1):53—59.

Moellering H,Rayner J N. 1981. The harmonic analysis of spatial shapes using dual axis Fourier shape analysis(DAFSA). Geographical Analysis,13(1):64—77.

Okabe A, Boots B, Sugihara K. 1994. Nearest neighborhood operations with generalized Voronoi Diagrams:a review. International Journal of Geographical Information Science,8(1):43—71.

Okabe A, Sadahiro Y. 1996. An illusion of spatial hierarchy:spatial hierarchy in a random configuration. Environment and Planning A,28:1533—1552.

Okabe A, Suzuki A. 1997. Locational optimization problems solved through Voronoi diagrams. European Journal of Operational Research,98:445—456.

Okabe A,Suzuki A. 1987. Stability of spatial competition for a large number of firms on a bounded two-dimensional space. Environment and Planning A,19:1067—1082.

Okabe,et al. 2000. Spatial Tessellation:Concepts and Applications of Voronoi Diagrams. Chichester: John Wiley.

Pearce J. 2000. Techniques for defining school catchment areas for comparison with census data. Computer,Environment and Urban Systems,24(5):283—303.

Robert G C. 1991. Digital Cartography. Prentice Hall,New Jersey.

Roberto C,Maria C G,Paolo R. 2002. Urban mobility and urban form:the social and environmental costs of different patterns of urban expansion. Ecological Economics,40(3):199—216.

Roo G. 2000. Environmental conflicts in compact cities:complexity, decisionmaking, and policy approaches. Environment and Planning B:Planning and Design,27:151—162.

Sadahiro Y. 2000. Perception of Spatial Dispersion in Point Distributions. Cartography and Geographic Information Science,27(1):51—64.

Shen G. 2002. Fractal dimension and Fractal growth of urbanized areas. International Journal of Geographical Information Science,16(5):419—437.

Stephan P,Friedrich D. 2001. Assessing the environmental performance of land cover types for urban planning. Landscape and Urban Planning,52(1):1—20.

Su B,Li Z,Lodwick G,Muller J. 1997. Algebraic models for the aggregation of area features based upon morphological operators. International Journal of Geographicl Information Systems,11(3): 233—246.

Tan X H. 2000. Optimal computation of the Voronoi diagram of disjoint clusters. Information Processing Letters,79:115—119.

V M, Pla N. 2000. Computing directional constrained Delaunay triangulations. Computers and

Graphics,24(2):181—190.

Wang C A, Tsin Y H. 1998. Finding constrained and weighted Voronoi diagrams in the plane. Computational Geometry,10:89—104.

Wang F,Hall G B,Subaryono. 1990. Fuzzy information representation and processing in conventional GIS software:database design and application. International Journal of Geographicl Information Systems,4(3):261—283.

Ware M J. 1998. A procedure for automatically correcting invalid flat triangles occurring in triangulated contour data. Computers and Geosciences,24:141—150.

Wentz E A. 2000. A shape definition for geographic applications based on edge,elongation,and perforation. Geographical Analysis,32(1):95—112.

Whitford V,Ennos A R,Handley J F. 2001. "City form and natural process"—indicators for the ecological performance of urban areas and their application to Merseyside,UK. Landscape and Urban Planning,57(2):91—103.

Woodhouse S,et al. 2000. Using a GIS to select priority areas for conservation. Computers, Environment and Urban Systems,24:79—93.

Zhang C P,Murayama Y. 2000. Testing local spatial autocorrelation using k-order neighbours. International Journal of Geographical Information Science,14:681—692.

http://www.esrichina-bj.cn ESRI 中国有限公司.